开 家 咖 啡 馆

艺娜的秘密咖啡厅

[韩]艺娜 著　梁超 刘凝 译

欢迎来到艺娜的秘密咖啡厅！

前言

比起那些千篇一律的连锁咖啡店，更让人向往的，是那些可以感受到店主个人风格、每个饮料有自己适配的容器、有各自不同故事的咖啡厅。但在繁忙的日常生活中，很难每次想喝咖啡时，都有时间去店里。

曾经看过一个报道提过“打造我的专属家庭咖啡厅”的字样。一个短短的句子令我怦然心动。专属家庭咖啡厅？我决定试试看，让自己成为主人公，按照自己的想法来打造一个“艺娜的家庭咖啡厅”。

并不需要纷繁复杂的准备。先从平常喜欢喝的咖啡开始，在此基础上稍微花一点小心思就可以了。等稍微熟练了，还可以想象一下心目中的咖啡厅里都有一些什么样的饮料，然后尝试做做。还可以用一些小众的材料进行组合，开发一些新颖的饮料。我是个个性分明的人，所以我的家庭咖啡厅也是按照很清晰的个人风格去做的。

打造家庭咖啡厅是爱好和兴趣，我想将这个过程记录下来，如果没有什么特别的事，我会每天在固定时间在网络上分享自己做的咖啡及做法，这件事坚持了两年。慢慢地，有越来越多的人等待着我的上传，给我留言。虽然大家在不同的地方，但在同一时间，他们仿佛都来到了同一个咖啡厅，这种感觉真的很奇妙。

幸运的是，这期间接到了出版社的约稿。实际上决定出书之前我纠结了很久。不管怎么说，家庭咖啡厅是很私人的爱好，其他人会喜欢吗？我真的很担心。但是有很多粉丝看着我做的饮品感受到了幸福，找到了属于自己的家庭咖啡厅，看到他们因为受我的启发而开启了属于他们自己的咖啡时光，我决定出版图书，与更多人分享。

通过这本书，任何人都可以经营自己的家庭咖啡厅，我想把这种快乐传递下去。书中有很多能把饮品做得更漂亮、更美味的小诀窍，希望大家能够快乐地、愉悦地阅读。

最后要感谢长久以来给予艺娜秘密咖啡厅关爱的粉丝们。也要感谢艺娜秘密咖啡厅的回头客和朋友们。

艺　娜

contents 目录

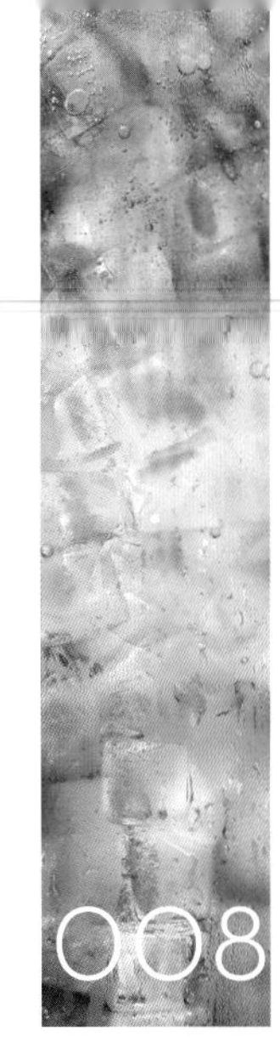

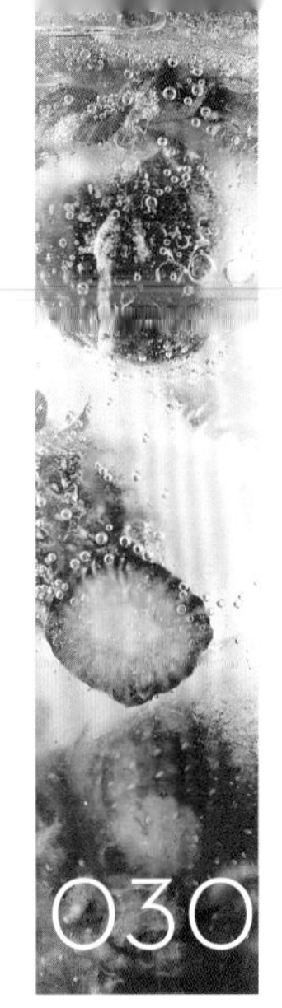

清新橙黄 Yellow and orange

自然青绿 Green

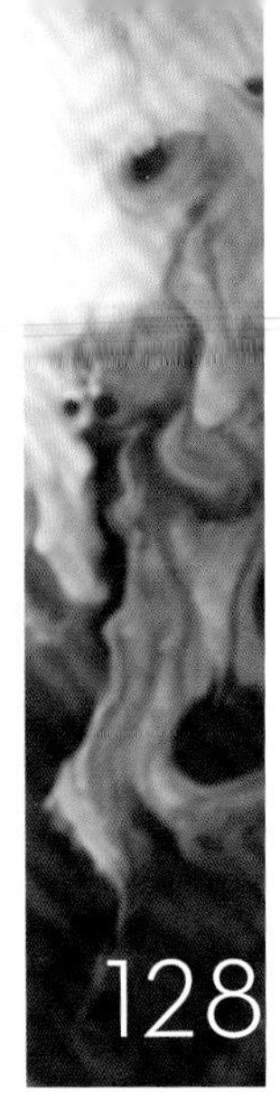

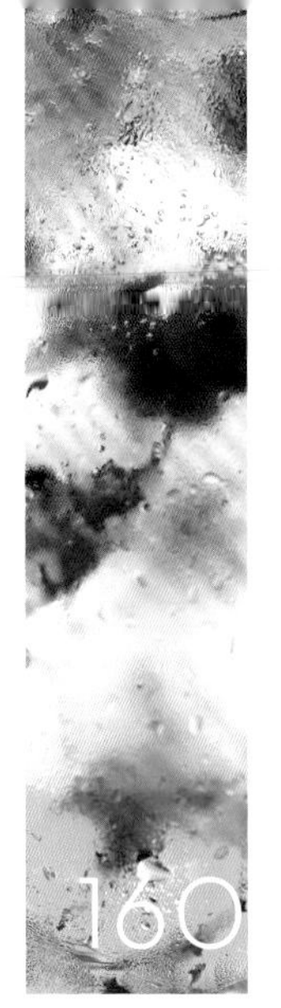

Plus recipe 加餐时间

Q/A/数十万粉丝关心的话题——艺娜秘密咖啡厅的小秘密

212

Basic guide

在开始之前

需要了解的基本信息

让饮品制作更轻松！
使用本书的6个方法

1 五颜六色的饮料！先抓住你的眼球。

红粉、橙黄、青绿、茶棕、蓝紫，按照饮料的颜色分成5个单元。
先观察，然后再亲手制作，感受家庭咖啡厅的乐趣。

2 先确认饮品的性质，再进行选择。

所有的饮料根据是否含有咖啡分为 Coffee / Non coffee，
根据温度分为 Hot / Iced，根据推荐对象分为 For Kids / For adults。
用小标签标了出来，可以让你轻松选择饮品。

3 选择搭配饮品的容器，提升饮品颜值不是梦。

搭配饮品的容器不同，给人的感觉也完全不同。
选好搭配的容器再进行制作。
容器的大小不同？那可以稍稍增减容量，但材料的大致比例要控制好。

4 制作方法的说明和照片一一展示，新手跟着做也能零失误。

SNS上的视频速度太快，跟着照片做饮品有点难？本书中饮品的制作方法和制作过程的照片都是分步骤展示出来的。

5 运用多种原材料和工具，迸发创意想法。

将整只雪糕放入饮品，或使用小动物样式的冰格，这种既有味道、又有看点的小技巧将全部公开！还可添加一些个人的创意在其中。

6 丰富多彩的菜单内容，发挥创造力，去尽情实践吧。

放入饮品中的各种材料，装饰用的材料、香草、冰块等。待慢慢熟练之后可以发挥自己的创造力，灵活地使用这些材料。这样就可以打造真正属于自己的家庭咖啡厅了。

制作美味要精致，阅读之前需要弄清的计量法

量杯——1杯=200mL
制作饮品的时候常用量杯来计量液体材料，
使用时需将量杯放到平坦的地方，
注意液体不要超过容器边缘。
粉状材料不用按压，放入后用筷子将上部抹平即可。

子弹杯 ——1杯≈30mL
指制作意式浓缩咖啡1杯的量，根据使用的机器、咖啡豆的量、
萃取时间、咖啡师等因素的不同而不同，所以不能指定用量。
本书中，以胶囊咖啡机、速溶咖啡粉为基准进行介绍。

量勺——1小勺=5mL；1大勺=15mL
指盛满液体材料的量，
粉状及黏稠的材料在装满后用筷子抹平即可。

挖球器——1勺≈90g（以冰淇淋为基准）
1勺是以“胡雷卡冰淇淋挖球器10号（直径6.8cm）”为基准的，
“小勺”标记是指30号（直径4.5cm），
装饰时根据容器的大小，选择合适的挖球器即可。

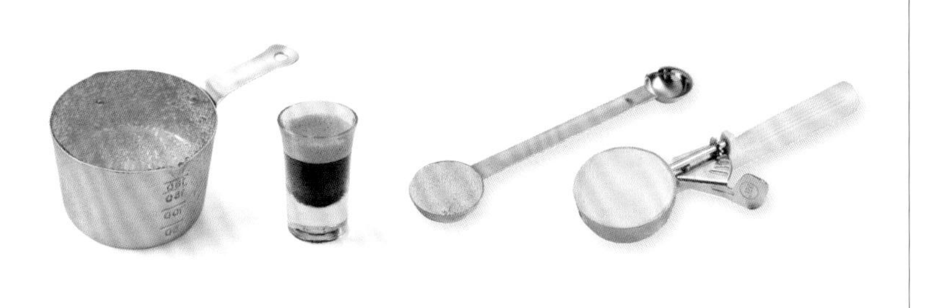

艺娜的秘密咖啡厅经常使用的工具

1__ 胶囊咖啡机

在这个机器里放入一次性的胶囊咖啡，可以轻松萃取出意式浓缩咖啡。“Nespresso vertuo plus”产品每个胶囊都有条码，自动调节水量，产生的油脂也很多，特别适合冰饮。

另一款咖啡机“Nespresso lattisima”能够用一般的胶囊咖啡萃取出意式浓缩咖啡，甚至还有打奶泡的功能，很实用。

推荐产品 • 1–1 Nespresso vertuo plus，1–2 Nespresso lattisima。

1-1

1-2

2__ 摩卡壶

用沸水的蒸汽压萃取意式浓缩咖啡的工具，分为上中下结构。在下座的水槽中装满水，中间的粉槽中放入咖啡粉，加热，水煮沸的时候凭借其压力萃取出意式浓缩咖啡到上座中。比胶囊咖啡机的价格更便宜。适合刚刚开始做家庭咖啡厅的朋友。

推荐产品 • Bialetti 摩卡壶

3__ 手冲壶、分享壶

用于制作手冲咖啡。在分享壶上插上滤杯后放入咖啡粉再用手冲壶冲水。和萃取意式浓缩咖啡的 1 号、2 号工具不同，萃取一杯以上的稀咖啡时使用。倒水时使用的壶称作手冲壶，壶的口窄而细长，能够很好地控制水量。

推荐产品 • 3–1 Zenithco teflon 手冲壶，3–2 Chemex 古典分享壶

4_ 法压壶

将咖啡粉和足量的热水一同倒入法压壶中，泡好咖啡后，匀速下压压杆，将滤网推到底，倒出咖啡液。用法压壶制作原豆咖啡的时候，为了更好地过滤沉淀物，需要先将原豆粗略地进行粉碎。法压壶原本用于泡咖啡或茶叶，也可用于打奶泡。倒入热牛奶充分打发，可以做出柔软绵密的奶泡。

推荐产品 • 博登（Bodum）法压壶

5_ 电动打蛋器

用于搅拌奶油的工具。搅拌量大的时候使用“凯伍德（Kenwood）打蛋器”；搅拌量少的时候，可以用“飞利浦（Philips）电动打蛋器”。

推荐产品 • 凯伍德（Kenwood）打蛋器，飞利浦（Philips）电动打蛋器

6_ 拉花缸

主要用于制作拿铁和卡布奇诺。将热牛奶倒入拉花缸，插上迷你奶泡机（见016页），就可以打出奶泡了。奶泡打发后立即倒入容器中，用拿铁拉花针进行制作。

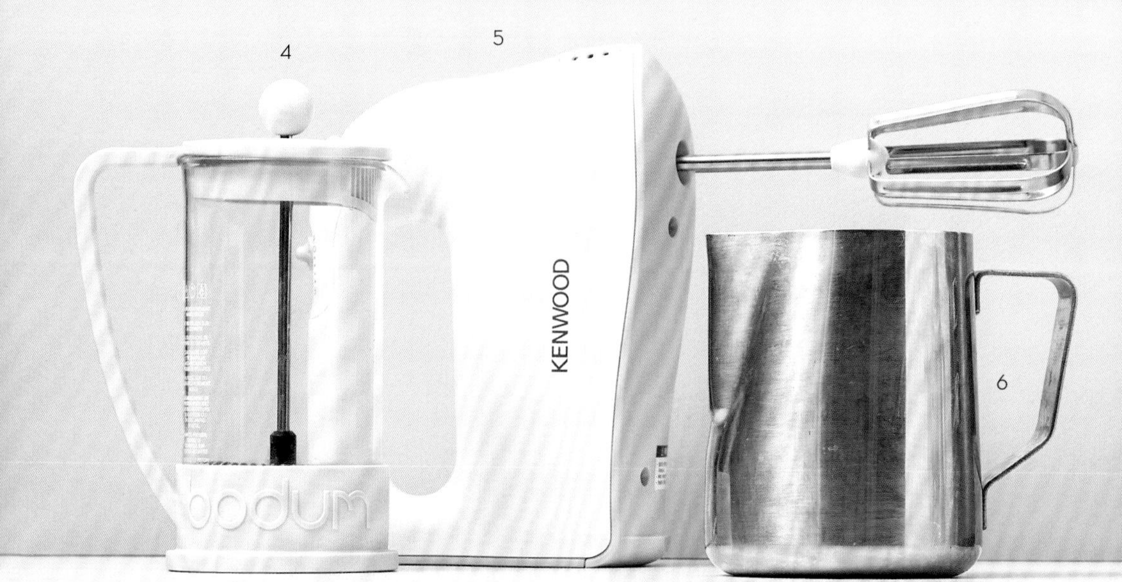

7_ 搅拌机

用于粉碎冰、水果，或混合饮料。机器本身附带各种大小的容器。打磨坚硬的冰或大量材料时可使用大容器；榨少量的果汁可以使用小容器，非常方便。

推荐产品 • 特福（Tefal）迷你玻璃搅拌机

8_ 茶壶

泡茶的时候使用空间充足的茶壶可以让茶叶自由翻滚，能够更好地泡开。我购买的是可爱的卡通茶壶，可用于桌面装饰。

9_ 刨冰机

用于制作冰沙，也可用于打冷冻水果和冰镇果汁。

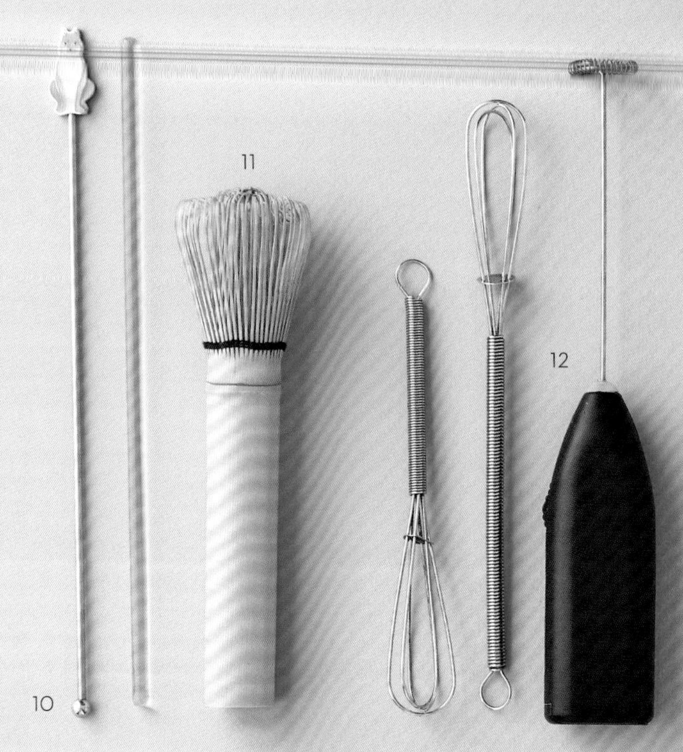

12__ 迷你手动打泡器、迷你奶泡机

有少量材料无法溶解时用迷你手动打泡器，用少量的牛奶制作奶泡时用迷你奶泡机。

推荐产品 • 宜家（Ikea）迷你奶泡机

10__ 搅拌棒、玻璃棒

用于搅拌少量的材料，饮品完成后也可插在容器里作为装饰。

11__ 茶筅

用竹子精细编制而成，能使茶粉在水中溶解得更充分。

13__ 筛子

用于撒装饰粉末或过滤材料。筛网附带的撒粉罐也很好用。

15_ 计量工具

电子秤、量杯、量勺等都是必需的计量工具。根据饮料特性的不同，可以调整分量，按照提示的容量进行计量，做出的饮品更美味。

14_ 泡茶器

泡茶的工具，里面可放入茶叶、茶包。如果是外形可爱，有个性的产品，放入饮品容器中还有装饰的作用。

16_ 挖球器

用于将菠萝、甜瓜、西瓜等坚硬的水果做成一个一个小球状的工具。

17_ 冰格

款式多样，可以制作各式各样的冰。

* 想更多了解冰格可以参考 215 页

18_ 挖球器、冰钳

挖球时使用的工具，可以让饮料更卫生。

19_ 榨汁器

用于榨柠檬、青柠、橙子这种橙味水果的果汁。将水果切成一半，放到锋利处，用力拧即可。

20_ 冰淇淋挖球器

冰淇淋挖球器最好准备四种不同大小的，大的主要用10号，小的主要用30号。根据容器的入口大小进行选择。

推荐产品 • 胡雷卡冰淇淋挖球器 8 号（直径 7.3cm），10 号（直径 6.8cm），30 号（直径 4.5cm），40 号（直径 4cm）

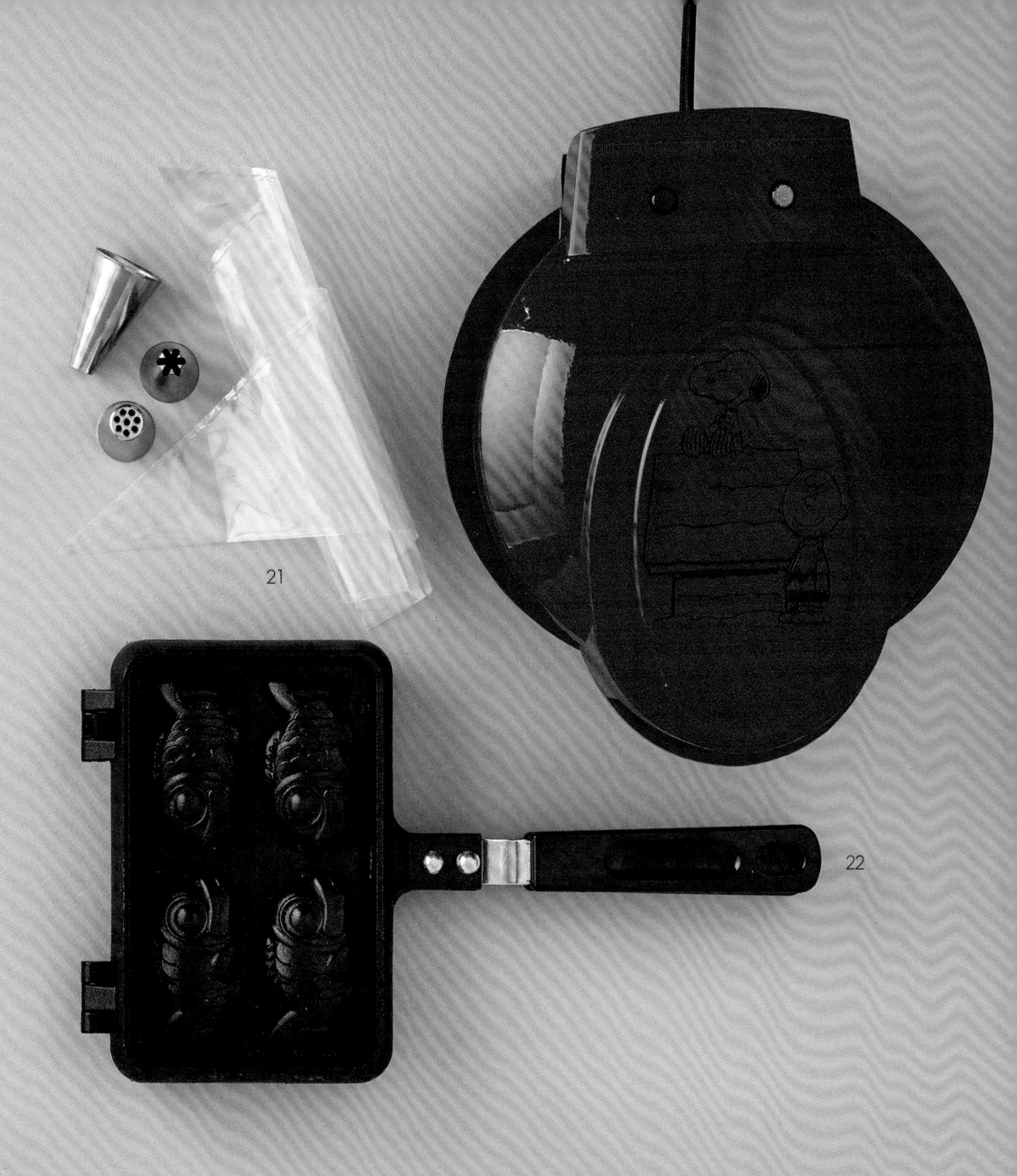

21_ 裱花袋、裱花嘴

用奶油装饰饮料时使用的工具，一般圆形的裱花嘴使用较多，若使用星形裱花嘴、万宝龙裱花嘴，又是另一种风情。

22_ 鲷鱼烧烤盘、华夫饼电饼铛

用于制作样式可爱的鲷鱼烧（201 页）、华夫饼（205 页）。如果选择适合的发酵粉，那么制作家庭咖啡厅的甜点更容易。

推荐产品：史努比（Snoopy）华夫饼电饼铛（网购，需要变压器），迷你鲷鱼烧烤盘（网购）

艺娜的秘密咖啡厅经常使用的食材

1__ 咖啡

胶囊咖啡机用的一次性胶囊咖啡，摩卡壶用的咖啡豆，速溶咖啡粉，这 3 种材料需要常备。推荐产品有“雀巢美式无糖速溶咖啡”（132 页），就像从咖啡机萃取出来一样，油脂很浓。相反，制作咖啡软糖（141 页）、咖啡牛奶冰（149 页）时，需要使用“麦馨卡奴 Maxim 美式咖啡”。

*制作一杯意式浓缩咖啡的 3 种方法：
使用胶囊咖啡机（012 页），
使用摩卡壶（013 页），
一袋“雀巢美式无糖速溶咖啡（1g）”+热水 2 大勺混合

2__ 糖浆、橙汁、柠檬汁

为了呈现出好看的颜色，糖浆和橙汁大多都自己制作，但为了有更多的色彩和更多样的味道，也会使用市面上销售的产品。饮料用的糖浆主要有“莫林（Monin）”“1883”等产品。

*想了解更多
樱花风味糖浆（035 页）、玫瑰风味糖浆（035 页）、哈密瓜糖浆（099 页）、薄荷糖浆（163 页）、蓝柑糖浆（163 页）

3__ 食用色素

对于颜色比较考究的饮料，可以使用少量食用色素或果汁色素，再放一些牛奶、气泡水、鲜奶油，颜色立刻就不同了。但如果需要白巧克力的颜色，需要使用巧克力专用色素。若不喜欢添加色素，本书的制作方法中标记的色素环节也可以省略。

*想了解更多
红色食用色素（035 页）、果汁色素（162 页）、巧克力专用食用色素（163 页）

4__ 饮料用粉

抹茶粉、艾蒿粉、紫薯拿铁粉、蓝柠檬汽水粉等是可以溶解在水中、让饮料的味道和颜色产生变化的材料。也可以在步骤的最后撒上这些粉末装饰，或是在制作不同颜色的面团、奶油时使用。

*想了解更多
抹茶粉（099 页）、艾蒿粉（099 页）、
泡芙奶油拿铁粉（131 页）、
可可粉（133 页）、紫薯拿铁粉（163 页）、
香芋粉（163 页）、蓝柠檬汽水粉（163 页）

5__ 食用花、香草

食用花和香草是在装饰中经常使用的材料。无论是当配料装饰，还是冻成冰块，都很漂亮（213 页）。主要购于网店，由于很容易枯萎，所以少量购入即可。

* 想了解更多

食用玫瑰花（035 页）、迷迭香 · 百里香 · 圆叶薄荷 · 茉莉花叶 · 青柠叶 · 丽莎蕨叶（098 页）、食用琉璃苣花（163 页）

6__ 袋泡茶、干花

主要用于伯爵红茶、英式早茶这种红茶类和各种果味茶的制作。干花主要使用两种，需要红色时使用木槿花、需要蓝色时使用蝶豆花浸泡。颜色好看，香气扑鼻。

* 想了解更多

木槿花（035 页）、蝶豆花（163 页）

7＿冷冻水果

当无花果、草莓、蓝莓等过季了，在市面上很难见到时，可以买一些冷冻的。冷冻红醋栗（红加仑）和冷冻石榴籽在装饰饮料时非常有用，需要常备。

* 想了解更多
冷冻红醋栗（034 页）、冷冻石榴籽（034 页）

8_ 牛奶、气泡水

牛奶和气泡水在制作饮品时是最常用的基本材料。各式各样的果味牛奶也经常使用。需要调节糖度和颜色时可以与雪碧、牛奶汽水、柠檬汽水等搭配使用。

9_ 植物奶油、动物奶油

动物奶油有香喷喷的味道，但缺点是保质期短，外形容易散。植物奶油比生奶油的外形更好控制，保质期长，但口感略逊一筹。为了味道鲜美，我主要使用动物奶油，但需要硬实的奶油层时会选择使用植物奶油。

10_ 市面上的冰淇淋

制作香草味、绿茶味等可舀着吃的冰淇淋的基本材料，需要常备。除此之外，还可以将甜筒冰淇淋或雪糕插到饮料上，也很漂亮。此时，需要考虑与饮品主材料的搭配是否和谐来选择冰淇淋，这样才会调制出最好的味道。如果主材料是牛奶或巧克力产品、气泡水的话，和水果的味道是很搭的。

*想了解更多

用甜筒冰淇淋装饰饮品（124 页）、用珍珠冰淇淋装饰甜品（172 页）、用雪糕装饰甜品（186 页）

11＿巧克力产品

在市面上可以看到各式各样的巧克力产品。

①挤压用的巧克力笔；②质地黏稠用于粘贴的巧克力酱；③中空巧克力球；④需要加热熔解使用的调温巧克力；⑤板状巧克力；⑥可可粉等。这些无论是装饰用，还是作为饮品的主材料，都是经常用的。

*想了解更多
巧克力笔（133 页）、巧克力酱（132 页）、中空巧克力球（131 页）、板状巧克力（133 页）、可可粉（133 页）

12_ 装饰食材

制作冰淇淋、鲜奶油等在最后阶段需要点缀时使用的材料。

主要使用

①鸡尾酒樱桃；②烘焙用的点缀材料（糖屑、食用珍珠等）；

③小饼干类等。

* 想了解更多

鸡尾酒樱桃（035 页）、彩色巧克力球（069 页）、

棉花糖专用彩色砂糖（099 页）、巧克力碎（132 页）、

蛋白糖饼（162 页）

13_ 其他

主要有

①明胶片；②魔芋粉，主要用于制作软糖（176 页）；

③糯米粉，经常用于制作装饰的迷你丸子（125 页、145 页）；

④香草荚；⑤黑糖，主要用于制作甜甜的饮料及风味糖浆（130 页）。

明胶片、糯米粉在大型超市都可以买到，

魔芋粉、香草荚、黑糖可网购。

*想了解更多

香草荚（131 页）、黑糖（133 页）

艺娜的秘密咖啡厅经常使用的容器

1__直筒杯

又叫 Vision glass，是很简约的一款杯子。高款适合搭配多冰的清凉汽水，矮款一般用在需要将饮品分两杯盛装的时候。

2__圆坛杯

当需要用巧克力笔在表面勾画可爱个性的图案时使用的杯子。也经常用于有很多牛奶泡沫的饮品。

3__红酒杯

这种杯子和喝红酒的杯子一样，是有托手的，又叫高脚酒杯（Goblet）。根据上部的长度不同，又分为很多种类。

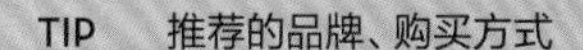

TIP　推荐的品牌、购买方式

品牌：Vision glass，Ocean glass，Toyosasaki，Arcoroc，Kinto，Duralex，Crowcanyon，Kanesuzu，Acme，Doulton。

购买方式：网购、海淘或选择类似款。

TIP　按照杯子形状选择饮品请参照索引

按照杯子的形状将饮料分类，
让现有的杯子发挥最大作用。

4_ 瓶子

有扁平的口袋瓶、牛奶瓶、个性水瓶等各式各样的种类。特别适合盛装摇着喝的饮品。

5_ 马克杯

热饮主要用马克杯盛装。需要清楚地看到饮品时，使用透明耐热的马克杯，如果只是强调上半部的装饰，可用不透明的马克杯。

6_ 线条杯

一款独特的杯子，想要进行点缀时，比起华丽的花纹杯，使用这种外部线条特别的杯子效果更好。

7_ 子弹杯

制作意式浓缩咖啡时使用的小号子弹杯。

Red and pink

炽热红粉

赐予你浪漫一天的红色或粉色饮品

如何调制出红色和粉色

1 用好自制糖渍水果

糖渍草莓 / 冷藏保存 1 个月

草莓 15 颗（300g），砂糖 300g，
柠檬汁 1 大勺

1＿将草莓放入小苏打水中，浸泡30min。

2＿清洗后用厨房用纸擦干水分。

3＿去掉草莓蒂，切成小块。

4＿把所有材料放到大碗里搅拌后，室温下放置 30min。

5＿放到消毒过的玻璃容器（218 页）中，用砂糖覆盖住上半部分。

6＿覆盖保鲜膜，盖上盖子，置于室温下半天，之后冷藏保存。

TIP＿简易糖渍草莓（约 3 大勺的量）

如果只需放一点点到饮品中，那么就放 3 颗草莓，3 大勺砂糖，1/2 小勺柠檬汁，拌匀，室温下放置 10~15min，用叉子将其碾碎使用。

糖渍苹果 / 冷藏保存 1~2 周

苹果 1 个（150g），砂糖 1 杯（160g），
柠檬汁 1 大勺

1＿将苹果放到小苏打水中浸泡清洗后，再放入有小苏打、食醋的水中浸泡5min。

2＿清洗后用厨房用纸擦干水分。

3＿将苹果分成两半，去核，切成半月形薄片。

4＿把所有材料放到大碗里搅拌后，室温下放置 30min。

5＿放到消毒过的玻璃容器（218 页）中，用砂糖覆盖住上半部分。

6＿覆盖保鲜膜，盖上盖子，置于室温下半天，之后冷藏保存。

TIP＿清洗水果用到的小苏打、食醋为常用材料，材料中未特别标注，特此说明。

糖渍樱桃 / 冷藏保存 3 个月

樱桃 30 颗（200g），砂糖 200g，
柠檬片 3 片，柠檬汁 1 大勺

1__ 将樱桃放入小苏打水中，浸泡 30min。

2__ 清洗后用厨房用纸擦干水分。

3__ 去梗后分成两半，去核，切小块。

4__ 把所有材料放到大碗里搅拌后，室温下放置 30min。

5__ 放到消毒过的玻璃容器（218 页）中，用砂糖覆盖住上半部分。

6__ 覆盖保鲜膜，盖上盖子，置于室温下半天，之后冷藏保存。

草莓果酱 / 冷藏保存 7~10 天

草莓 10 颗（或冷冻草莓 200g），
砂糖 1/4 杯（40g），柠檬汁 1 小勺

1__ 将草莓放入小苏打水中，浸泡 30min。

2__ 清洗后用厨房用纸擦干水分，去掉草莓蒂，切成小块。

3__ 将草莓、砂糖放入锅中，用文火将砂糖煮化，搅拌 5min。

4__ 开中火，倒入柠檬汁，撇去浮沫，煮 5~10min。

5__ 关火，待其完全冷却。

6__ 放到消毒过的玻璃容器（218 页）中，冷藏保存。

果酱
将水果与砂糖一同熬制的食品，砂糖的用量少，大概是水果的 1/5~1/4。

2 用好新鲜水果

草莓

从冬天到春天的时令水果。
主要用作饮品的主材料，
也用来做果酱等，
小草莓还可以用来制作装饰冰。

苹果

从晚夏到秋天的时令水果。
在家庭咖啡厅中经常使用，
可做成不同种类的糖渍。

樱桃

夏天的时令水果。
制作糖渍的时候主要使用
新鲜樱桃，
制作冰品或装饰时用深色的
鸡尾酒樱桃。

3 用好市面上的成品

冷冻红醋栗（红加仑）

属于小型莓类水果，有根茎，
可以用一整串作为装饰。
购买方式 • 网购

冷冻石榴籽

购买方式 • 网购

草莓冰淇淋

需要用红色花纹作为点缀时
使用的冰淇淋，
可以取其上半部分作为
饮品的装饰。

用好市面上的成品

盐渍樱花

用盐腌制的食用樱花产品。
可以放到饮品中，
或制作花冰时使用。

购买方式 • 网购

红色食用色素

需要红色时使用的液体色素。
用牙签蘸一点点即可。

购买方式 • 网购

鸡尾酒樱桃

颜色很漂亮，可以用作装饰。
桶装罐头没有樱桃梗，
推荐瓶装的。

购买方式 • 网购

樱花风味糖浆

用食用樱花制作的甜甜的糖浆，
有淡淡的香味。

推荐产品 • Monin cherry blossom

食用玫瑰花

可以吃的玫瑰花，
只取叶子放到饮品中或
制作花冰皆可。

购买方式 • 网购

粉红柠檬汽水粉

可以制作粉红色柠檬汽水的
饮品用粉。
买不到可直接买粉红柠檬汽水

樱花粉

用于制作需要樱花香和
粉红色的饮品时使用。

购买方式 • 网购

玫瑰风味糖浆

用食用玫瑰制作的甜甜的糖浆，
有淡淡的香味。

购买方式 • 网购

木槿花

干花，主要用于煮茶喝。
制作明红色饮品时使用。

购买方式 • 网购

非咖啡
冰饮
儿童、成人均可饮用

草莓牛奶

POINT

可以嚼到草莓籽，
感受到糖渍草莓淡淡甜味的草莓牛奶。
将糖渍草莓与牛奶层分开，会更加漂亮。

1 CUP / 10 min

- 草莓 3 颗
- 糖渍草莓 3 大勺（032 页）
- 牛奶 250mL

TIP 也可制成草莓奶盖

加入奶泡（059 页）或打发的鲜奶油，可以制成草莓奶盖。

1

2 颗草莓切成小块。

2

在容器中加入糖渍草莓和切小块的草莓。

3

用勺子抵住容器的边缘，倒入牛奶。

＊用勺子抵在容器上部倒牛奶可以减轻冲力，使层次不易混。

4

取 1 颗草莓用刀切一个小口子，插到容器的入口处。

非咖啡
冰饮
儿童、成人均可饮用

草莓酸奶

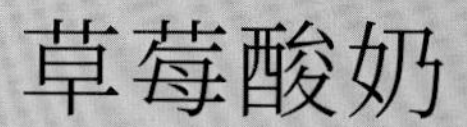

POINT

乳白色的酸奶与鲜红的草莓交相辉映，
清爽宜人。
细长的草莓切片放到杯壁，突显甜蜜。

1 CUP / 10 min

- 草莓　1 颗 +1 颗
- 草莓果酱　2 大勺（033 页，或糖渍草莓 1 大勺，032 页）
- 可舀着吃的原味酸奶　1 杯（200mL）
- 格兰诺拉麦片（或谷物麦片）　3 大勺
- 圆叶薄荷　少许

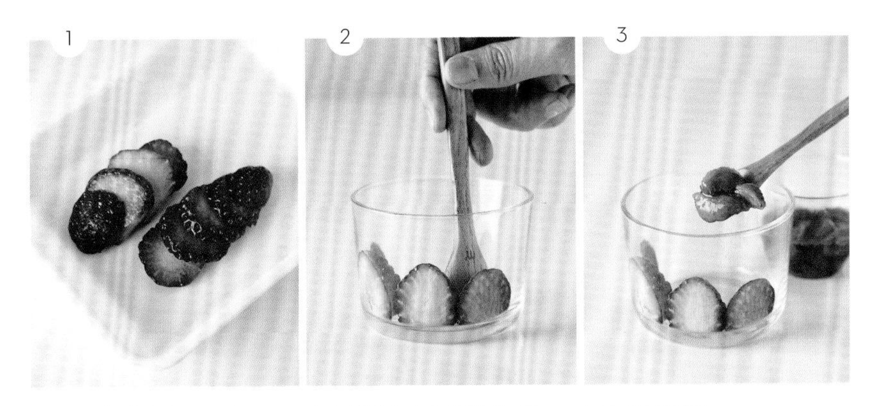

1 将 1 颗草莓竖切，另 1 颗横切。

2 在容器壁贴上竖切的草莓。
*使用直筒杯可以让草莓更好地贴合。

3 加入草莓果酱。

4 加入酸奶。

5 加入格兰诺拉麦片。

6 用横切的草莓和圆叶薄荷装饰。

双倍樱桃牛奶

POINT

红色花纹的秘密是使用了市场上卖的 Double bianco 冰淇淋，
将上半部分原封不动地移过来放上即可，
再用红艳艳的樱桃点缀。

1 CUP / 10 min

- 樱桃 2 颗
- 糖渍樱桃 1 大勺（033 页）
- 牛奶 1/2 杯（100mL）
- 冰块 适量
- Double bianco 冰淇淋 1 个
- 鸡尾酒樱桃 2 颗

1

将樱桃切成两半，去核，再切成小块。

2

在容器中加入糖渍樱桃和切小块的樱桃。

3

加冰块。

＊杯子中需要放满冰块，冰淇淋才能不那么快化成水。

4

加入牛奶。

5

用刀切下 Double bianco 冰淇淋的上半部分，原封不动地放到容器上，再用鸡尾酒樱桃装饰。

非咖啡
冰饮
儿童、成人均可饮用

怦然心动的草莓汽水

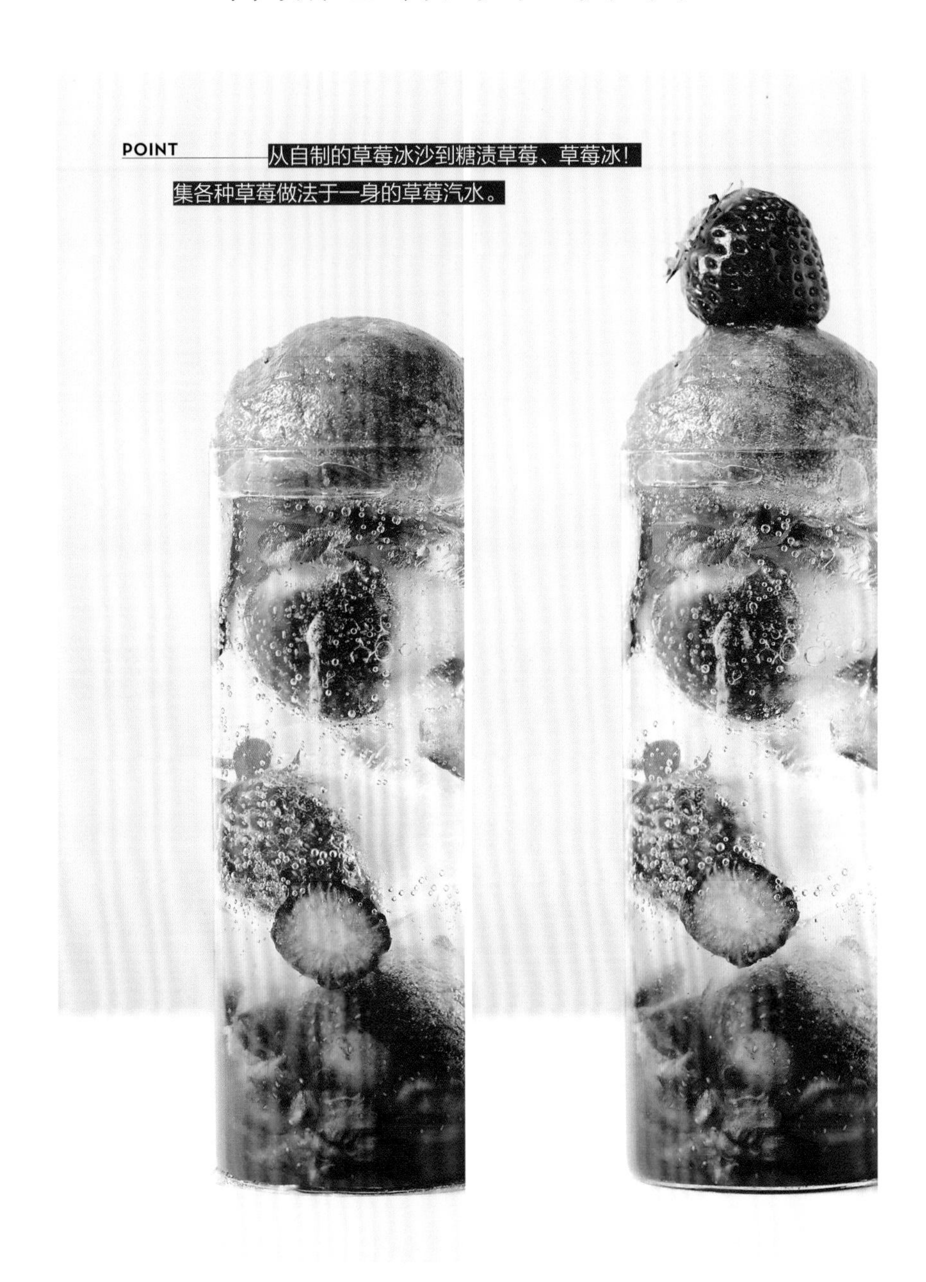

1 CUP / 20 min
（+冰沙，冻冰）

- 草莓 1颗
- 糖渍草莓 6大勺（032页）
- 柠檬汁 1小勺
- 气泡水 1杯（200mL）

草莓冰（或普通冰）

- 草莓 3~4颗
- 凉白开 适量

草莓冰沙（约3杯的量）

- 草莓 15颗（300g）
- 柠檬汁 1小勺
- 盐 少许
- 砂糖 1/4杯（40g）
- 水 1/4杯（50mL）

1

在耐热容器中放入草莓冰沙材料砂糖、水，用微波炉加热三四次，每次30s，搅拌一下再继续加热，使砂糖溶化变成糖浆。

2

将①的糖浆以及草莓冰沙的其他材料放到搅拌机中搅拌。

3

搅拌好放入有深度的平底容器中，放入冰箱，每两三个小时用叉子搅拌三四次，草莓冰沙就做好了。

4

将草莓冰材料中的草莓及凉白开用圆形的草莓冰格（215页）冻成草莓冰。

＊必须使用凉白开，这样冰块才会是透明的。

5

草莓横切成薄片。

TIP 用好草莓冰沙

剩余的草莓冰沙可以直接吃，或加入炼乳做成刨冰。

6

在容器中按照糖渍草莓→柠檬汁→④的草莓冰→⑤的横切草莓→气泡水的顺序分别加入。

*草莓需要将横截面展示出来，插到草莓冰的旁边。

7

用挖球器挖 1 勺草莓冰沙放到上面。

*也可以用草莓继续装饰。

- 非咖啡
- 冰饮
- 儿童、成人均可饮用

春日樱花汽水

POINT 用好盐渍樱花，做出的汽水就像真正的樱花朵朵开放。最后加入樱花糖浆，会呈现隐隐扩散的渐变效果。

1 CUP / 10 min

- 市售盐渍樱花 2 朵
- 气泡水 3/4 杯（150mL）
- 冰块 适量
- 百里香 少许

樱花糖浆

- 粉红柠檬汽水粉 1 小勺
- 矿泉水 2 小勺
- 市售的樱花风味糖浆 2 小勺

TIP 产品购买

盐渍樱花（035 页）
粉红柠檬汽水粉（035 页）
樱花风味糖浆（035 页）

1 将盐渍樱花浸泡在温水中，轻轻摇晃，去掉盐分。反复 2~3 次。

2 放在厨房用纸上，去除多余的水分。

3 粉红柠檬汽水粉溶解在矿泉水中后，加入樱花风味糖浆，制成樱花糖水。

4 在容器中加入冰块、百里香、②的盐渍樱花。

5 倒入气泡水。

6 倒入③的樱花糖水。

樱花奶油拿铁

POINT 使用樱花粉，
制成散发出隐隐樱花香的拿铁。
在家也可以尝试做咖啡店里的饮品。

1 CUP / 15 min

- 市售樱花粉 2 大勺
- 热水 2 大勺
- 牛奶 1/2 杯（100mL）
- 冰块 适量
- 樱花 少许
- 茉莉花叶 1 片

樱花奶油

- 市售樱花粉 2 小勺
- 矿泉水 2 小勺
- 动物奶油 1/4 杯（50mL）

TIP 产品购买

樱花粉（035 页）

茉莉花叶（098 页）

1 将 2 大勺樱花粉放入热水中溶解。

2 另一个容器中放入制作樱花奶油的材料——樱花粉、矿泉水，充分溶解之后再加入动物奶油。用手动打蛋器轻轻打发，让奶油呈现柔软的状态。

3 在容器中加入冰块和牛奶。

4 加入①。

*因为有浓度的差别，牛奶会沉到底部（216 页）。

5 轻轻地倒入②。

*只有轻轻倒入，才不会混层，让层次更鲜明。

6 用樱花、茉莉花叶装饰。

非咖啡
冰饮
儿童、成人均可饮用

清香樱桃汽水

POINT 用鸡尾酒樱桃做成鲜红色的樱桃冰，
配上柔软的奶油和清凉的气泡水，
尽情享受夏天的感觉吧。

1 CUP / 15 min
（+冻樱桃冰）

- 樱桃 2颗
- 糖渍樱桃 2大勺（033页）
- 气泡水 3/4杯（150mL）
- 迷迭香 1根
- 鸡尾酒樱桃 1颗
- 青柠叶 1片

樱桃冰（或普通冰）

- 鸡尾酒樱桃 4颗
- 凉白开 适量

奶油

- 动物奶油 1/2杯（100mL）
- 砂糖 2小勺

1

用圆形的冰格（215页）制作樱桃冰。

＊必须使用凉白开，这样冰才会是透明的。

2

将樱桃切成两半，去核，再切成小块。

3

在杯子里加入制作奶油的材料，用手动打蛋器搅打，直到打蛋器提起时奶油能形成硬实的尖角。

4

在容器中按照糖渍樱桃→②的樱桃→①的樱桃冰的顺序分别放置。

5

加入气泡水，放上迷迭香。

6

将③的奶油装入安装好裱花嘴的裱花袋之后，挤出螺旋的形状，再用鸡尾酒樱桃、青柠叶装饰。

红粉佳人草莓奶昔

POINT 香草奶昔中加入糖渍草莓，
注意不要混在一起。
只有这样才能做出自然的粉色层次。

1 CUP / 15 min

- 草莓 4 颗
- 糖渍草莓 2 大勺（032 页）

奶油

- 动物奶油 1/2 杯（100mL）
- 砂糖 2 小勺
- 红色食用色素 少许（也可省略）

香草奶昔

- 香草冰淇淋 1 勺（90g）
- 冰块 1 杯（100g）
- 牛奶 1/2 杯（100mL）

1

将 3 颗草莓竖切成两半。

2

将制作奶油的材料放到容器中，用手动打蛋器搅拌，直到打蛋器提起后奶油形成硬实的尖角。

＊可用牙签蘸一点红色食用色素，加入奶油中搅拌。

3

将香草奶昔的材料放入搅拌器中搅拌。

4

在容器中放入③，再加入糖渍草莓。

＊注意不要混在一起，才能出现层次。

5

将②的奶油装入安装好裱花嘴的裱花袋之后，挤出螺旋形状。

6

用①的草莓和剩下的 1 颗草莓装饰。

优雅玫瑰汽水

POINT 加入少许石榴籽和食用玫瑰，使其漂浮在饮品中，形成了一层神秘的氛围。宛如一幅画卷。

1 CUP / 10 min

- 市售玫瑰风味糖浆 2 大勺
- 气泡水 3/4 杯（150mL）
- 小冰块 适量
- 冷冻石榴籽 1 小勺
- 食用玫瑰花 少许
- 百里香 少许

TIP 产品购买

玫瑰风味糖浆（035 页）
冷冻石榴籽（034 页）
食用玫瑰花（035 页）

1 在容器中加入小冰块，放置到容器 1/2 处。

2 放入玫瑰风味糖浆。

3 放入石榴籽、食用玫瑰花，在冰块之间插入百里香。

4 倒入气泡水。
* 按照冰→糖浆→气泡水的顺序分别加入，糖浆接触到冰块后沉入底部，出现分层。

优雅甜蜜的饮品——玫瑰汽水

- 非咖啡
- 热饮
- 儿童、成人均可饮用

白云朵朵苹果牛奶

POINT

洁白的牛奶泡沫，宛如天上飘浮的白云。

切一小块苹果，放在饮品上，

给整体增添一丝可爱的感觉。

1 CUP / 15 min

- 小苹果 1个
- 糖渍苹果 2大勺（032页）
- 牛奶 1.5杯（300mL）
- 青柠叶 1片

TIP 产品购买

青柠叶（098页）

1 将小苹果从中间切开，其中一半切成小块。

2 放入糖渍苹果和①中切成小块的苹果。

3 微波炉加热牛奶大约2.5min，用迷你奶泡机（016页）打出奶泡。

4 只取上部的奶泡，放到容器中。

5 将剩余的牛奶轻轻倒入泡沫中央。

*倒入时注意不要让泡沫溢出。

6 把①中切开的另一半苹果放到泡沫上，用青柠叶装饰。

非咖啡
热饮
成人饮用

苹果伯爵茶

POINT 糖渍苹果中的苹果切片干可以用作装饰。
苹果带有甜味，和微苦的红茶很配。
不但美味，而且造型很好看。

1 CUP / 10 min

- 糖渍苹果片 适量（032 页）
- 切片柠檬 2 块（也可省略）
- 糖渍苹果汁 1 大勺（032 页）
- 伯爵红茶包 1 包
- 热水 1 杯（200mL）
- 小苹果 1 个
- 丽莎蕨叶 1 片

TIP 产品购买

丽莎蕨叶（098 页）

1

将糖渍苹果片按照图中的样子整齐地摆成两列。

2

将其中 1 列苹果片放入容器中，中间留出空间，放入柠檬和糖渍苹果汁。

3

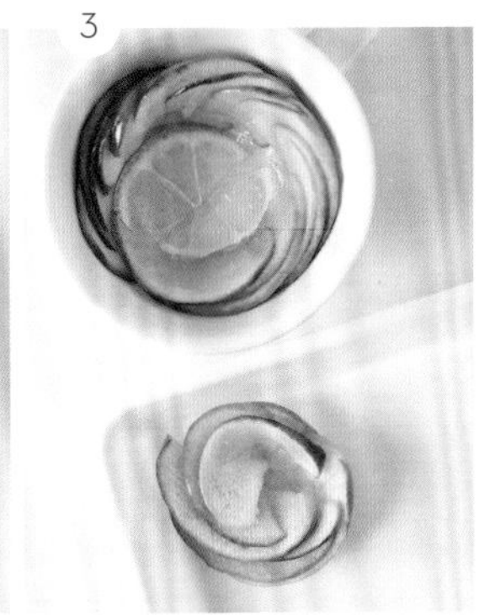

将①剩余的糖渍苹果片摆成圆形，放到容器的中央。

4

让中间部分稍稍张开，放入小苹果。

5

用热水泡伯爵红茶包。

6

倒入⑤，放入丽莎蕨叶装饰。再加入一些茶即可。

* 也可以用肉桂棒搅拌饮用。

冬日热红酒

POINT 深色的热红酒，喝一口心里暖暖的。
如果希望颜色更加丰富，
可以加入肉桂棒、水果干、香草等自由地装饰。

热红酒（Vin chaud）
在红酒中加入了水果、肉桂等
材料烹煮的欧式饮品。

1 BOTTLE / 40 min

- 橙子 1个（或柑橘 4个）
- 柠檬 1个
- 苹果 1个
- 红酒 1瓶（750mL）
- 砂糖（或蜂蜜） 1大勺
- 肉桂棒 2根
- 八角 3~4个

TIP　保存方法

在玻璃容器中加入开水（2杯），摇晃之后倒出，晾干消毒。倒入热红酒，冷藏保存（10天）。喝之前记得加热。

1 用小苏打搓洗橙子、柠檬、苹果的表皮，再用粗盐搓一遍，然后冲洗干净。

2 把①的水果切成薄片。

3 将所有材料放到锅中，中火煮沸，再用文火煮25~30min。在这一步中，稍稍留出一些水果用于装饰。

4 将留出的水果片和肉桂棒放入杯中。

* 肉桂棒使用新的。

5 倒入煮好的红酒。

* 可以用香草、干水果装饰。

Yellow and orange

清新橙黄

清香的黄色或橙色饮品

如何调制出黄色和橙色

1 用好自制糖渍水果

糖渍柠檬 / 冷藏保存 3 个月

柠檬 3 个（300g），砂糖 300g

1＿柠檬用小苏打洗净，放入混有小苏打、醋的水中浸泡 30min。

2＿清洗后用厨房用纸擦干水分。

3＿柠檬切成薄片，去籽。

4＿将柠檬和砂糖层层叠放到消过毒的玻璃容器（218 页）中，用砂糖覆盖住上半部分。

5＿覆盖保鲜膜，盖上盖子，置于室温下半天，之后冷藏保存。

糖渍金橘 / 冷藏保存 3 个月

金橘 13~14 个（200g），砂糖 200g，柠檬汁 1 大勺

1＿将金橘放入混有小苏打的水里，浸泡 30min。

2＿清洗后用厨房用纸擦干水分。

3＿将金橘分成两半，去籽，粗略切片。

4＿把所有材料放到大碗里搅拌后，室温下放置 30min。

5＿放到消过毒的玻璃容器（218 页）中，用砂糖覆盖住上半部分。

6＿覆盖保鲜膜，盖上盖子，置于室温下半天，之后冷藏保存。

糖渍橙子 / 冷藏保存 3 个月

橙子 2 个（400g），砂糖 400g，
柠檬汁 1 大勺

1__将橙子用小苏打洗净，放入混有小苏打、醋的水中浸泡 30min。

2__清洗后用厨房用纸擦干水分。

3__橙子切成薄片，去籽。

4__将橙子和砂糖层层叠放到消过毒的玻璃容器（218 页）中，在中间倒入柠檬汁。

5__用砂糖覆盖住上半部分。

6__覆盖保鲜膜，盖上盖子，置于室温下半天，之后冷藏保存。

糖渍柑橘 / 冷藏保存 1 个月

柑橘 6 个（400g），砂糖 300g，
柠檬汁 1 大勺

1__将柑橘去皮，横切成 4 等份。

2__柑橘和砂糖层层叠放到消过毒的玻璃容器（218 页）中，在中间倒入柠檬汁。

3__用砂糖覆盖住上半部分。

4__覆盖保鲜膜，盖上盖子，置于室温下半天，之后冷藏保存。

TIP__简易糖渍橙子、糖渍柑橘（约 3 大勺量）

如果只想在饮料中放入一点点材料，那么可以放入 1/4 块橙子（或者 1 个柑橘）、3 大勺砂糖、1/2 小勺的柠檬汁，用叉子混合搅拌碾碎，放在室温下 10~15min 就可以使用了。

2 用好鲜果和鲜蔬

橘子

从晚秋到冬天的时令水果。
可以糖渍，小橘子也可以
用来制作装饰用的冰。

金橘

深秋初冬的时令水果。
样子小巧可爱，
可以用来装饰，时令很短，
可以糖渍。

南瓜

一年四季都很容易买到。
可以用来制作深黄色的饮料。

柠檬

一年四季都很容易买到。可以制作柠檬汁、糖渍柠檬、柠檬皮装饰品、柠檬切片等。在家庭咖啡厅中有各种各样的用途。

芒果

可以直接切着吃，
也可以切成小方块装饰。
在家庭咖啡厅中，
冷冻芒果和鲜芒果的用途相同。

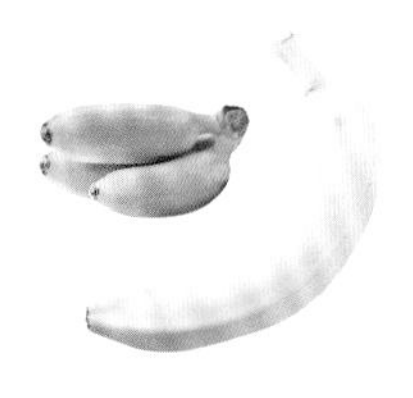

香蕉

芭蕉用作装饰，
一般的香蕉可以冷冻，
或碾碎、打碎使用。

西柚

做饮料的时候呈现深朱黄色。
切开的时候果皮和果肉的颜色
形成鲜明对比，非常漂亮，
经常用作装饰。

菠萝

春天到夏天的时令水果。
水分多，可打碎制作冰沙，
果肉偏硬，可以制成各种形状。

丑橘、橙子

丑橘是冬天的时令水果，
橙子是夏季的时令水果。
可以糖渍，偶尔会挖空果肉，
作为小碗使用。

3 用好市面上的成品

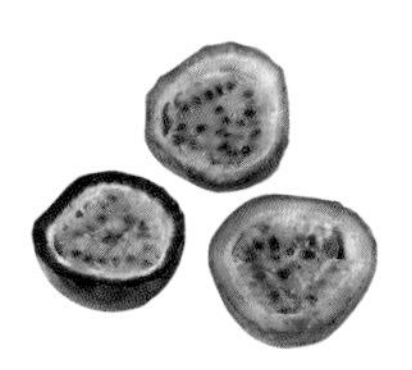

冷冻百香果

“百香果”这种热带水果可以买到冷冻的。
将果肉放到饮料中，外形和味道都很好。

购买方式 • 网购

黄色食用色素

需要黄色时使用的液体色素。
用牙签插入蘸取一点点就可以。

购买方式 • 网购

香蕉牛奶

需要淡淡的黄色及甜甜的香味时可使用。
可以制作带香蕉味的冰。

彩色巧克力球

珍珠样子的巧克力球。
颜色多样，可以用作装饰。

购买方式 • 网购

橙汁

做橙子味道的冰时可用。
冻好后颜色较深，很漂亮。

小鸭软糖

鸭子模样的软糖，可以用作
装饰儿童饮品。

非咖啡
冰饮
儿童、成人均可饮用

小熊维尼香蕉牛奶

POINT——没有卡通容器怎么办?
试着用巧克力笔画出可爱的小熊。
然后尝试自己制作香蕉牛奶,让小熊的脸变成淡黄色。

1 CUP / 15 min

- 香蕉 1根
- 蜂蜜 1/2大勺
- 牛奶1 （打泡用）50mL
- 牛奶2 200mL
- 巧克力笔 1支
- 杏仁片 少许
- 迷迭香 少许

1

将巧克力笔放到热水中泡软。香蕉去皮，切出2片1cm厚的香蕉片。其他香蕉备用。

2

在容器上用巧克力笔画出小熊的脸。

*需要选用圆形的容器，才能出来小熊的感觉。

3

在碗中放入①中剩余的香蕉，倒入蜂蜜，用叉子碾碎，制成香蕉糖浆。

4

将牛奶1放入微波炉，加热30s之后，用迷你奶泡机（016页）打出奶泡。

5

在容器中放入③的香蕉糖浆，再加入牛奶2搅拌均匀。

6

放上④的奶泡，插上香蕉片作耳朵，再用杏仁片、迷迭香装饰即可。

礼帽绅士柠檬汽水

POINT 将柠檬皮装饰成帽子，可以物尽其用。
制作橙子、青柠等橙味水果时都可以将果皮这样使用。

1 CUP / 15 min

- 柠檬 1个
- 蜂蜜 2大勺
- 气泡水 3/4杯（150mL）
- 冰块 适量
- 圆叶薄荷 少许
- 百里香少许

TIP 制作糖渍柠檬

可以省略柠檬、蜂蜜，用2.5大勺的糖渍柠檬（066页）代替即可。

1

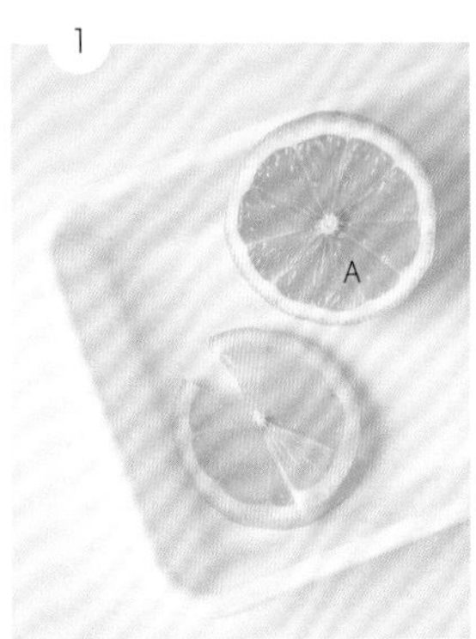

切一薄片柠檬，将其分为两半。

2

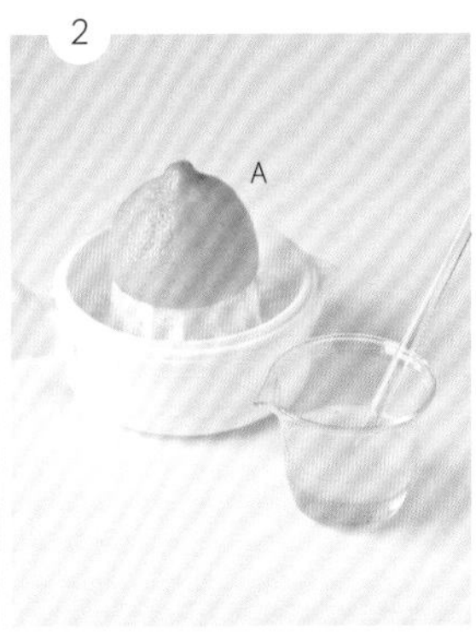

①中剩的柠檬A放到榨汁器（018页）上，榨取2大勺柠檬汁，加入蜂蜜搅拌制成糖浆。

3

在另一半柠檬的上部用刀划出十字，插上圆叶薄荷，做成帽子。

4

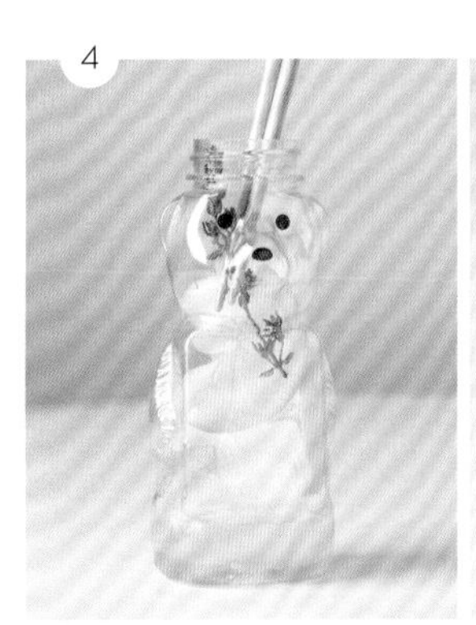

在容器中按照②的糖浆→冰块→①的柠檬切片→百里香的顺序分别放置。

* 使用瓶口窄的容器，以便于使③的帽子立住。

5

倒入气泡水。

6

放上③。

* 可以在切片柠檬中间插上吸管来代替圆叶薄荷。

非咖啡
冰饮
儿童、成人均可饮用

丑橘酸奶球

POINT 用一个丑橘制作一杯带盖子的酸奶球。
如果丑橘有叶子，就更漂亮了。

1 CUP / 10 min

- 丑橘 1个
- 原味酸奶 1/2 杯（100mL）
- 蜂蜜 1小勺
- 格兰诺拉麦片（或谷物麦片） 2大勺

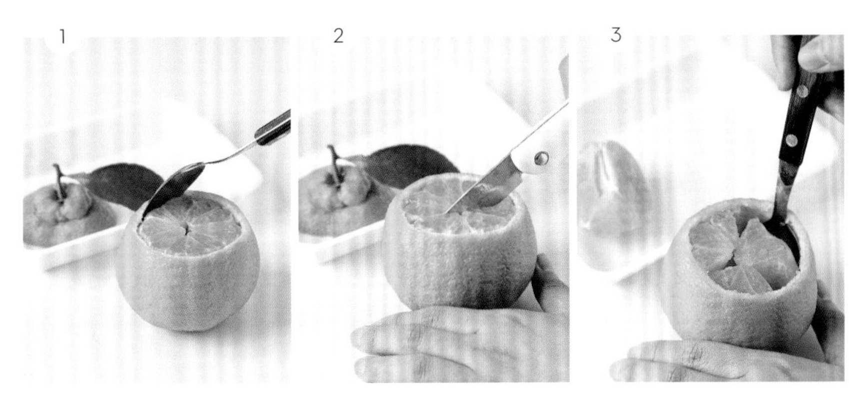

1 从丑橘上部 1cm 左右的地方切开。把勺子放在果皮与果肉之间，划出缝隙。

2 用刀将果肉分为 4~6 份。
* 注意不要划坏果皮。

3 用勺子将果肉挖出后，将其切成一口可以吃下的大小。

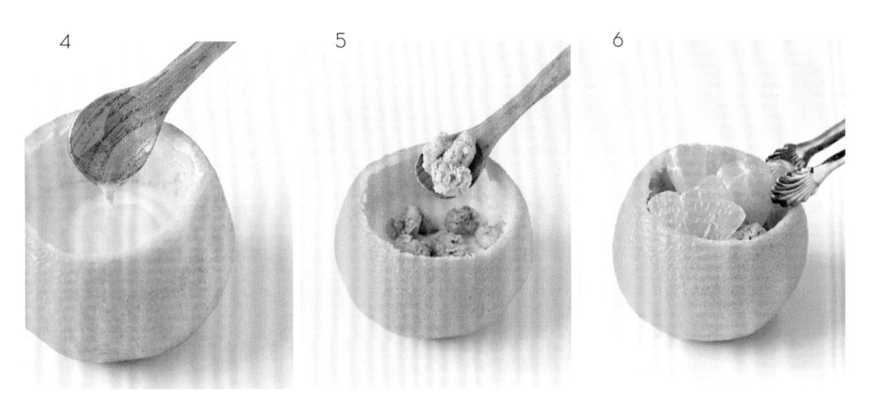

4 将酸奶、蜂蜜放入丑橘果皮中搅拌。

5 加入格兰诺拉麦片。

6 放入③的果肉。

非咖啡
冰饮
儿童、成人均可饮用

扑通柑橘汽水

POINT 将整只小柑橘冻起来，
然后扑通一下放入汽水中。
等汽水快要喝完的时候，柑橘就登场了。

1 CUP / 10 min
（+冻橘子冰）

- 柑橘　1/2 个
- 糖渍柑橘　3 大勺（067 页）
- 柠檬汁　1 小勺
- 气泡水　3/4 杯（150mL）
- 圆叶薄荷　少许

橘子冰（或普通冰）

- 柑橘　2 个（小的）
- 凉白开　适量

1 用圆形的冰格（215 页）冷冻橘子冰。
＊必须使用凉白开水，这样冰才会是透明的。

2 将1/2个橘子果肉切成小块。

3 在容器中加入②的柑橘、糖渍柑橘、柠檬汁，搅拌均匀。

4 加入①的橘子冰。

5 倒入气泡水，用圆叶薄荷装饰。

非咖啡

热饮

儿童、成人均可饮用

圆圆金橘牛奶

POINT 在金橘上插上香草，
看起来像是带叶子的小金橘。
如果用卡通容器会更加可爱。

1 CUP / 15 min

- 金橘 1个
- 糖渍金橘 2大勺（066页）
- 牛奶 1.25杯（250mL）
- 圆叶薄荷 少许

1 在金橘的顶部用刀划出深深的十字，插上圆叶薄荷。

2 将糖渍金橘倒入容器中。

3 微波炉加热牛奶2min，用迷你奶泡机（016页）打出奶泡。

4 取奶泡上面的部分放到容器中。

5 将剩余的牛奶一点点倒在泡沫中央。

* 倒入时注意不要让泡沫溢出。

6 在①的金橘底部划出一字后，将其插在容器上。

层层橙意

POINT 利用浓度差异、温度差异等分层的原理（216页），完成糖渍橙子、牛奶、咖啡、奶油的四色分层。

橙意（Bianco）
意大利语是指“白色”，
白葡萄酒的意思。
现在也常指加入橙子的咖啡。

1 CUP / 15 min

- 橙子 1/2 个
- 糖渍橙子 1.5 大勺（067 页）
- 牛奶 1/2 杯（100mL）
- 意式浓缩咖啡 1 杯（021 页）
- 冰块 适量
- 丽莎蕨叶 1 片

奶油

- 植物奶油 1/4 杯（50mL）
- 砂糖 1 小勺

TIP 产品购买

丽莎蕨叫（098 页）

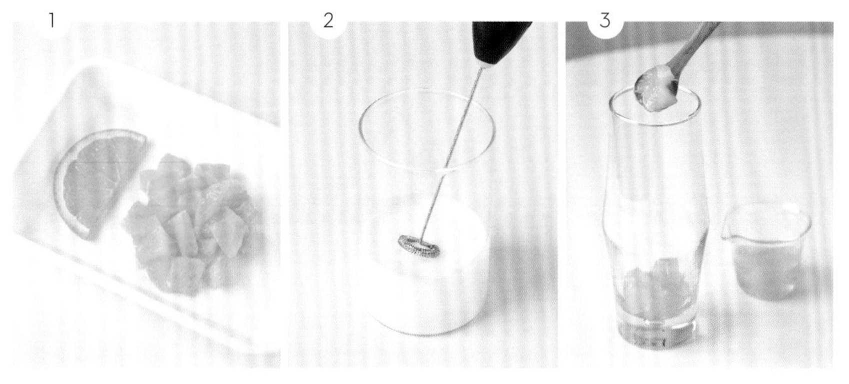

1 切一薄片橙子，其他橙肉切成小块。

2 将制作奶油的材料放入容器，用迷你奶泡机（016 页）轻轻打发，打成柔软的、能够缓慢流淌的程度。

3 将①的小块橙子、糖渍橙子放入容器中，搅拌均匀。

4 放入冰块后，按照牛奶→意式浓缩咖啡的顺序分别倒在冰块上面。

＊只有在冰上倒入牛奶、咖啡，才能不混层（216 页）。

5 轻轻倒入②的奶油。

＊注意要轻轻倒入，才能分出层次。

6 用①中切好的柠檬片、丽莎蕨叶装饰。

- 非咖啡
- 冰饮
- 儿童、成人均可饮用

小黄鸭甜橙汽水

POINT 在小鸭子模具中倒入橙汁冷冻，会制作出特别的冰哦。因为是用果汁冻的冰，而并非普通的水，所以汽水中的橙子香味会更浓郁。

1 CUP / 15 min
（+冻橙汁冰）

- 橙子 1 个
- 橙汁 1/2 杯
  （冻冰用，100mL）
- 蜂蜜 1 大勺
- 柠檬汁 1 小勺
- 气泡水 3/4 杯（150mL）
- 百里香 少许
- 小鸭软糖 1~2 个

TIP 产品购买

小鸭软糖（069 页）

1

在冰格中倒入橙汁，冻成冰块。

* 放到动物形状的硅胶冰格（215页）冷冻会更加可爱。

2 3

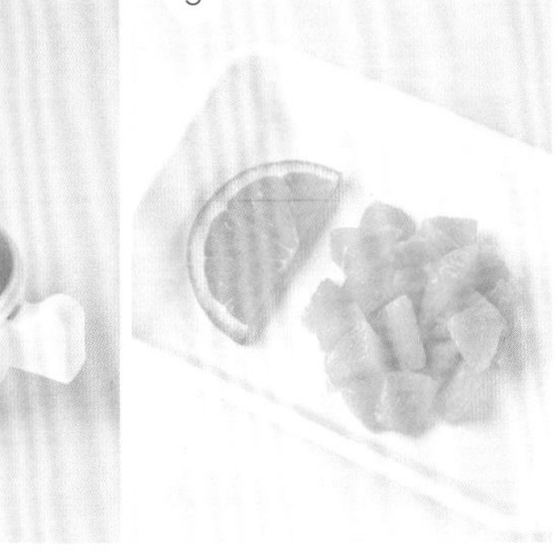

2 将橙子分成两半，一半橙子需要用榨汁器（018 页）榨成橙汁，大概榨出 3 大勺。

3 剩下的一半橙子一部分切成薄片，剩下的切成小块。

4

在容器中放入①中的橙汁冰。

5

把③中切成小块的橙子、蜂蜜、柠檬汁混合之后倒入容器中。

6

倒入气泡水后，用③中切的薄片橙子、百里香、小鸭软糖装饰。

非咖啡
冰饮
儿童、成人均可饮用

菠萝杯中冰

POINT 将均匀切碎的菠萝平铺冰镇，即使没有刨冰机，也可以做出薄薄的冰。剩下的菠萝和叶子可以当装饰材料。

1 CUP / 15 min
（+冻菠萝冰）

- 菠萝 1/2 个
- 蜂蜜 1 大勺
- 水 1/2 杯（100mL）
- 炼乳 1 大勺
- 鸡尾酒樱桃 1 颗

1 将一半菠萝果肉切成可以一口吃下的大小。另一半 1/4 菠萝用挖球器（018 页）挖出 3 个球。

2 将①中切好的菠萝、蜂蜜、水倒入搅拌机中打匀。

3 将②放入保鲜袋中，碾平，冻 4 个小时以上。

4 将③的冰用挖球器挖出，在容器里堆出一个高高的尖儿。
* 用挖球器挖更漂亮。

5 淋上炼乳后，用①中挖球器挖的菠萝球、鸡尾酒樱桃装饰。
* 也可以用菠萝叶装饰。

非咖啡
冰饮
儿童、成人均可饮用

热带水果狂想曲

1 CUP / 15 min

- 冷冻百香果 1 个
- 蜂蜜 2 大勺
- 芒果 1/2 个
- 气泡水 3/4 杯（150mL）
- 冰块 适量
- 青柠片 2 片
- 百里香 少许

1

百香果切成两份，用勺子挖出果肉。

2

将百香果果肉和蜂蜜混合。

3

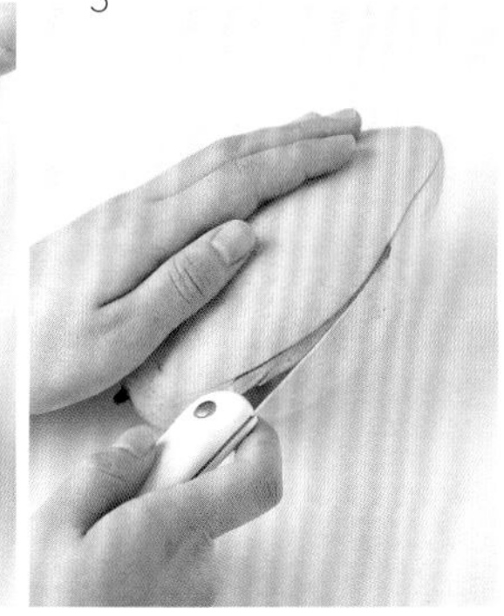

以芒果核为中心将两侧果肉剔出。

4

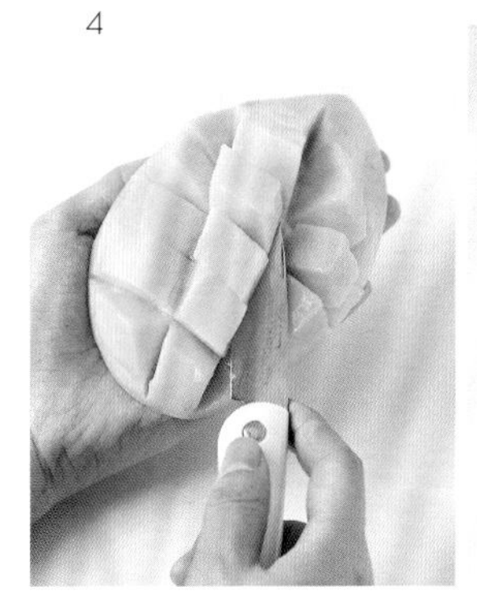

如图所示，改刀，剔出果肉。

5

将冰块放到容器中，将青柠片贴着杯壁放置。

＊按照冰块→②的顺序放置，百香果的籽会一颗一颗浮上来，更显可爱。

6

倒入气泡水。

TIP　产品购买

冷冻百香果（069 页）

TIP　制作芒果百香果冰沙

冷冻芒果 100~150g、糖浆（044 页过程①），倒入搅拌机搅拌后，加入冷冻百香果果肉 50g、盐少许，混合均匀。

冷冻环境下，每 2~3 个小时用叉子翻动果肉，这个过程反复 3~4 次即可。

过程⑦中，也可以用挖球器挖出的冰沙来代替芒果。

7

④的芒果果肉放到顶部，最后用百里香装饰。

POINT 使用腌渍西柚，可以很容易制作出美味的水果茶。将茶包放到可爱的泡茶器中，更增添情趣。

元气满满的蜂蜜柚子茶

1 CUP / 10 min

- 西柚 1/2 个
- 蜂蜜 2 大勺
- 英式早餐茶包 1 个（或其他茶包）
- 热水 3/4 杯（150mL）
- 迷迭香 1 根

1

将一半西柚果肉切成小块，和蜂蜜混合，做成腌渍西柚。另外的一半个西柚切出两片西柚薄片。

2

切完后剩下的西柚用手挤出西柚汁，大概 2 大勺。

3

把茶包放入泡茶器（017 页）中。

＊使用卡通泡茶器更可爱。

4

在容器中倒入①的腌渍西柚、②的西柚汁，混合均匀。

5

将 2 片①的西柚薄片像图中那样贴到杯壁两侧。

6

放入③的泡茶器，加入热水，用迷迭香装饰。

非咖啡
热饮
儿童、成人均可饮用

哈罗万圣南瓜奶

POINT 用象征万圣节的南瓜制作的牛奶。
如果再加上蜘蛛、骷髅等装饰元素，
会让万圣节的氛围更加浓厚。

1 CUP / 30 min

- 南瓜 1/4 个（约 150g）
- 蜂蜜 1 大勺
- 牛奶 1 杯（200mL）
- 中空巧克力球 3~4 个
- 彩色巧克力球 少许
- 巧克力笔 2 支（白色、黑色）

奶油

- 动物奶油 1/2 杯（100mL）
- 砂糖 2 小勺

TIP 产品购买

中空巧克力球（131 页）
彩色巧克力球（069 页）
巧克力笔（133 页）

1

南瓜去掉皮和籽，切成小块，装入碗中，盖上保鲜膜，用微波炉加热 3~4min。

＊盖保鲜膜的时候，稍微留出一点缝隙。

2

用巧克力笔在中空巧克力球上画出蜘蛛、骷髅图案。

＊将巧克力笔放到热水中浸泡，变得松软之后再使用。

3

将①、蜂蜜、牛奶倒入搅拌机搅拌。盛装到耐热容器中，放到微波炉中加热 2min，晾一会儿，使其冷却。

4

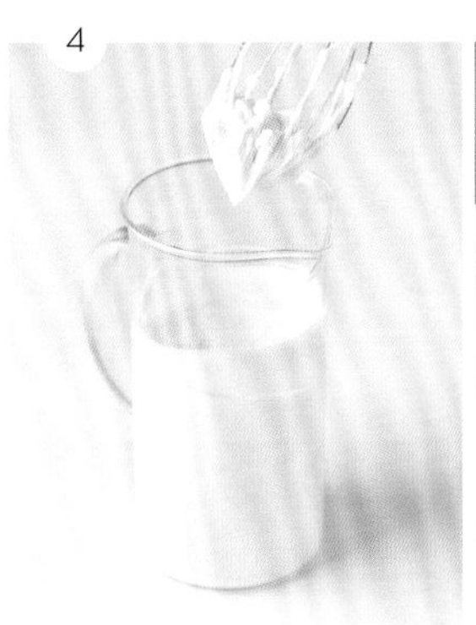

将制作奶油的材料放入容器，用手动打蛋器搅拌，直到提起打蛋器时奶油形成硬实的尖角。装入安装好裱花嘴的裱花袋中。

5

将③装入容器中，把④的奶油挤出螺旋状。

＊如果饮品太热，奶油就会化掉，需要注意。

6

用②的中空巧克力球、彩色巧克力球装饰。

Green

自然青绿

让你心情变愉悦的绿色饮品

如何调制出绿色

1 用好自制糖渍水果

糖渍青柠 / 冷藏保存 3 个月

青柠 3 个（300g），砂糖 300g

1＿将青柠放置到小苏打水中浸泡清洗后，再放入混有小苏打、醋的水中浸泡 5min

2＿清洗后用厨房用纸擦干水分。

3＿青柠切成薄片后，去籽。

4＿放到消过毒的玻璃容器（218 页）中，用砂糖覆盖住上半部分。

5＿覆盖保鲜膜，盖上盖子，置于室温下半天，之后冷藏保存。

糖渍青葡萄 / 冷藏保存 1~2 周

青葡萄 2 杯（200g），砂糖 200g，
柠檬汁 1 大勺

1__ 将青葡萄放入混有小苏打的水中浸泡 30min。

2__ 冷水清洗后用厨房用纸擦干水分，分成两半。

3__ 把所有材料放到大碗里搅拌后，室温下放置 30min。

4__ 放到消过毒的玻璃容器（218 页）中，用砂糖覆盖住上半部分。

5__ 覆盖保鲜膜，盖上盖子，置于室温下半天，之后冷藏保存。

TIP__ 简易糖渍青葡萄（约 2 大勺的量）

如果只想放一点点到饮品中，那么就用 4 个青葡萄，1.5 大勺砂糖，1/2 小勺柠檬汁，搅拌均匀，室温下放置 10~15min 即可。

糖渍猕猴桃 / 冷藏保存 1~2 周

猕猴桃 3 个（180g），砂糖 180g，
柠檬汁 1 大勺

1__ 猕猴桃去皮，切成薄片。

2__ 将猕猴桃和砂糖一层一层放到消过毒的玻璃容器（218 页）中，在中间倒入柠檬汁。

3__ 用砂糖覆盖住上半部分。

4__ 覆盖保鲜膜，盖上盖子，置于室温下半天，之后冷藏保存。

TIP__ 简易糖渍猕猴桃（约 3 大勺的量）

如果只想放一点点到饮品中，那么就用 2/3 个猕猴桃，3 大勺砂糖，1/2 小勺柠檬汁，搅拌均匀，室温下放置 10~15min 即可。

② 用好新鲜水果和新鲜香草

青柠

一年四季都很容易买到。可以用来制作青柠汁、糖渍青柠、青柠皮顶部装饰、青柠切片等，和柠檬一样，有多种使用方式。

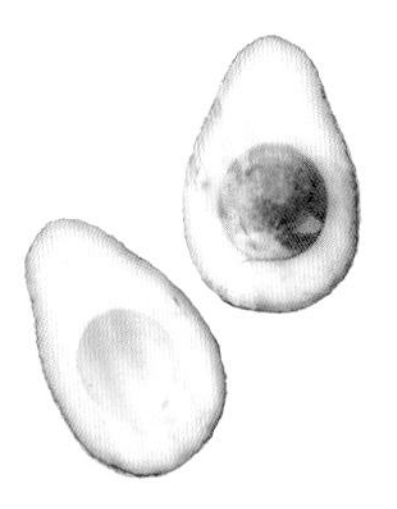

牛油果

香气浓郁，适合和牛奶搭配制作果昔、奶昔。果肉是淡淡的豆青色，很漂亮，可以用作装饰。

青葡萄

一年中都有售卖。可以糖渍，将果实原封不动放入饮品中也很漂亮。和清凉的气泡水也很搭配。

猕猴桃

秋季的时令水果。有些酸味很重，糖渍后更加美味。横截面很漂亮，切片后也可以用作装饰。

香草

将香草放到以水或气泡水为主材料的饮品中，会呈现绿色。也是装饰时最常使用的材料之一。

①迷迭香 ②百里香 ③圆叶薄荷 ④茉莉花叶 ⑤青柠叶 ⑥丽莎蕨叶

购买方式 • 网购

3 用好市面上的成品

绿茶冰淇淋

可以用冰淇淋勺舀成球装饰，
也可以用来制作奶昔。
推荐产品 • 哈根达斯

抹茶粉

将茶叶磨成细粉，
味道香醇。
购买方式 • 网购

抹茶拿铁粉

在抹茶粉中加入糖和乳脂，
用于制作抹茶拿铁的粉状产品。
购买方式 • 网购

哈密瓜糖浆

加入到气泡水中，制作哈密瓜味的
饮品时使用的糖浆。
想制成冰块时，也可以混合到水中。
购买方式 • 网购

棉花糖专用彩色砂糖

制作棉花糖时使用的砂糖，
也可以用在杯口装饰。
购买方式 • 网购

艾蒿粉

有浓郁艾蒿香的饮品用粉。
和以牛奶为主材料的饮品很搭配。
购买方式 • 网购

绿色食用色素

需要绿色时经常使用的液体色素。
用牙签插入蘸取一点点就可以。
购买方式 • 网购

开心果

去掉壳之后，里面的果肉是绿色的。
因为颜色漂亮，所以经常用于装饰。
购买方式 • 超市

非咖啡
冰饮
成人饮用

丝滑抹茶牛奶

POINT 制作抹茶牛奶时，不要出现涩涩的粉粒是很重要的。用低聚糖代替砂糖，就可以做出没有涩口感、超级顺滑的饮品。

1 CUP / 10 min

- 抹茶粉 1 大勺
- 热水 3 大勺
- 低聚糖 1.5 大勺
- 牛奶 1/2 杯（100mL）

TIP 产品购买

抹茶粉（099 页）

TIP 用好市售的抹茶拿铁粉

用 1 包星巴克 Via 抹茶（17g，099 页）代替抹茶粉、低聚糖。此时可以省略过程②、③。

1 将抹茶粉放入热水中溶解。

*用茶筅（016 页）或迷你打泡器将抹茶粉完全打散。

2 倒入低聚糖混合。

3 用筛子过滤。

4 在容器中倒入牛奶，再倒入③。

5 充分搅拌均匀。

非咖啡
冰饮
儿童、成人均可饮用

漂浮果粒牛油果奶昔

POINT 在处理好的牛油果中间加上一个中空巧克力球，像牛油果的籽一样。
饮品中放入牛油果果肉，口感更好。

2 CUP / 15 min

- 牛油果 1 个
- 香蕉 1/2 个
- 牛奶 1/2 杯（100mL）
- 蜂蜜 1 大勺
- 冰块 1 杯（100g）
- 中空巧克力球 2 个

TIP 挑选牛油果

果皮呈暗褐色、轻握有柔软的感觉就是成熟的果子。

TIP 产品购买

中空巧克力球（131 页）

1

以果核为中心，用刀将牛油果对半切开。拧一下分成两部分。

2

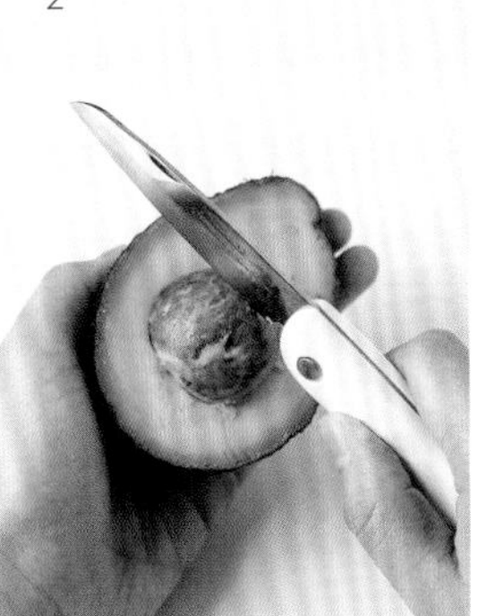

用刀把果核挖出来。

3

用勺子将果肉舀出来。

4

把牛油果肉切成一口能吃下的大小。

5

把 1/2 个牛油果、香蕉、牛奶、蜂蜜、冰块放入搅拌机搅拌均匀。

6

分成 2 杯之后，放上剩余的牛油果肉和中空巧克力球。

丛林深处的艾草布奇诺

POINT

这款暖暖的艾草饮品像卡布奇诺那样有满满的柔软奶泡。
在泡沫顶端撒上艾蒿粉，
宛如丛林深处的绿色植物。

1 CUP / 15 min

- 艾蒿粉 1.5 大勺
- 热水 1/2 杯（100mL）
- 炼乳 1.5 大勺
- 牛奶 1.5 杯（300mL）
- 圆叶薄荷（或茉莉花叶）少许

TIP 产品购买

艾蒿粉（099 页）

1

将艾蒿粉溶解在热水中，用筛子过滤。

2

加入炼乳混合。

3

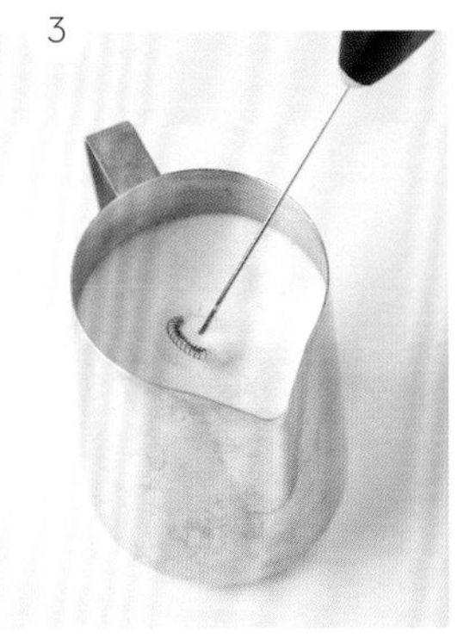

将牛奶放入微波炉中加热 2.5min 后，用迷你奶泡机（016 页）打出奶泡。

4

将②倒入容器中，③的泡沫也放入。

5

将剩余的牛奶一点点从泡沫中央倒入。

* 倒入时注意不要让泡沫溢出。

6

用圆叶薄荷装饰

* 也可以用艾蒿粉装饰。

咖啡
冰饮
成人饮用

青青抹茶拿铁

POINT

可以同时享受抹茶和咖啡的浓郁拿铁。
可以一眼看到不同层次的主材料——
抹茶、牛奶、咖啡、奶油。

1 CUP / 15 min

- 抹茶粉 1 大勺
- 热水 3 大勺
- 低聚糖 2 大勺
- 牛奶 1/2 杯（100mL）
- 意式浓缩咖啡 1 杯（021 页）
- 冰块 适量
- 丽莎蕨叶 1 片

抹茶奶油

- 抹茶粉 1 小勺
- 砂糖 1 小勺
- 热水 3 大勺
- 动物奶油 1/4 杯（50mL）

TIP 产品购买

抹茶粉（099 页）

丽莎蕨叶（098 页）

1

将 1 大勺抹茶粉放到热水中溶解。和低聚糖混合后，用筛子过滤。

*低聚糖比砂糖更容易混合。

2

除了动物奶油之外，抹茶奶油中的其他原料混合后，晾一会儿使其冷却。加入动物奶油，用手动打蛋器轻轻打发，使奶油呈现柔软的状态。

3

按照①→冰块的顺序分别放入容器中。

4

将牛奶浇在冰块上。

*将牛奶浇在冰上才不易混层（216 页）。

5

将意式浓缩咖啡浇在冰块上。

*将咖啡浇在冰上才不易混层（216 页）。

6

轻轻倒入②的抹茶奶油。用丽莎蕨叶装饰。

*也可以撒上抹茶粉。

非咖啡
热饮
成人饮用

青柠切片茶

POINT 青柠茶如鸡尾酒一般优雅。
即使同样的茶，也会因盛装器具、
装饰方法的不同而产生新的感觉。

1 CUP / 10 min

- 糖渍青柠汁 1大勺（096页）
- 糖渍青柠片 4~5片（096页）
- 热水 3/4杯（150mL）
- 百里香 少许
- 树莓 1颗

1 将糖渍青柠汁倒入容器中。

2 将糖渍青柠片一层一层铺好。

3 倒入热水。

4 用百里香和树莓装饰。

清凉无醇莫吉托

POINT

清凉无醇莫吉托，让你尽情畅饮也不会醉。
杯口沾上棉花糖专用彩色砂糖，给饮品增添一分甜蜜和色彩。

1 CUP / 15 min

- 青柠 1/2 个
- 圆叶薄荷 1 约 5 片
- 圆叶薄荷 2 少许
- 冰块 适量
- 气泡水 1/2 杯（100mL）
- 蜂蜜 1 少许
- 蜂蜜 2 1.5 大勺
- 棉花糖专用彩色砂糖（或一般砂糖） 1 大勺

1

碗中加入蜂蜜 1，把杯子倒扣，让杯口沾满蜂蜜。

* 使用稠一些的蜂蜜更容易沾。

2

在另一个碗中加入棉花糖专用彩色砂糖，再把①中的杯子倒扣，使杯口沾满砂糖。

3

切 1 片青柠，分为两半。剩下的青柠用榨汁器（018 页）榨出 1 大勺青柠汁。

4

在碗中放入圆叶薄荷 1，再加入③的青柠汁、蜂蜜 2，捣碎混合。

TIP 产品购买

棉花糖专用彩色砂糖（099 页）

在杯中加入③的青柠切片和④。

倒入气泡水，用圆叶薄荷 2 装饰。

* 注意气泡水在倒入时不要触碰到杯口的砂糖。

双色猕猴桃汽水

POINT 糖渍猕猴桃和木槿花茶的颜色形成了鲜明对比，
夹层中加了冰。
喝之前可以晃一晃使其混合。

1 CUP / 25 min

- 木槿花 5 片
- 热水 2 大勺
- 气泡水 150mL
- 冰块 适量
- 百里香 少许
- 冷冻石榴籽 5 颗

简易糖渍猕猴桃

- 猕猴桃 2/3 个
- 砂糖 3 大勺
- 柠檬汁 1/2 小勺

TIP 产品购买

木槿花（035 页）
冷冻石榴籽（034 页）

1

将猕猴桃放入搅拌机搅拌均匀。

2

将①与砂糖、柠檬汁混合，常温放置 10~15min。

＊搅拌完成的猕猴桃如果长时间放置会变色，需要注意。熟透的猕猴桃（097 页）也可以碾碎使用。

3

将木槿花在热水中浸泡 4~5min。

4

在容器中倒入②。

5

加入冰块、百里香、石榴籽，倒入气泡水。

6

加入③的木槿花茶。

＊不要放入花。

炎热的夏日中，提神醒脑的清凉饮品，双色猕猴桃汽水。

非咖啡
冰饮
儿童、成人均可饮用

青葡萄冰沙汽水

POINT

将自制的糖渍青葡萄、青葡萄冰沙、青葡萄籽都加入饮料，

做成一杯既有颜值又有味道的醇香饮料。

用小勺轻轻舀起冰沙，尽情享受吧！

1 CUP / 25 min
（+冻青葡萄冰沙）

- 青葡萄 6 粒
- 气泡水 3/4 杯（150mL）
- 冰块 适量
- 百里香 少许
- 冷冻红醋栗 6~7 粒
- 青柠切片 3 片

简易糖渍青葡萄（2 大勺的量）

- 青葡萄 [illegible] 粒
- 砂糖 1.5 大勺
- 柠檬汁 1/2 小勺

青葡萄冰沙（约 3 杯的量）

- 青葡萄 300g
- 柠檬汁 1 小勺
- 盐 少许
- 砂糖 1/4 杯（40g）
- 水 1/4 杯（50mL）

1

将制作青葡萄冰沙的砂糖、水装入耐热容器中，用微波炉加热 3~4 次，每次 30s，使砂糖溶化成糖浆。

2

将①的糖浆，与剩余的青葡萄冰沙材料放入搅拌器中搅拌均匀。

3

将混合物放入一个深一点的平底碗中，放入冰箱，每两三个小时取出用叉子搅拌 3~4 次。

4

制作简易糖渍青葡萄。青葡萄放入搅拌器，加入砂糖、柠檬汁混合搅打均匀。室温放置 10~15min。

＊熟透了的青葡萄（097 页）也可以切碎食用。

TIP___产品购买

冷冻红醋栗（034 页）

TIP___用好青葡萄冰沙

剩下的青葡萄冰沙可以直接吃，或放入市售的柠檬饮料、雪碧等饮品中一起饮用。

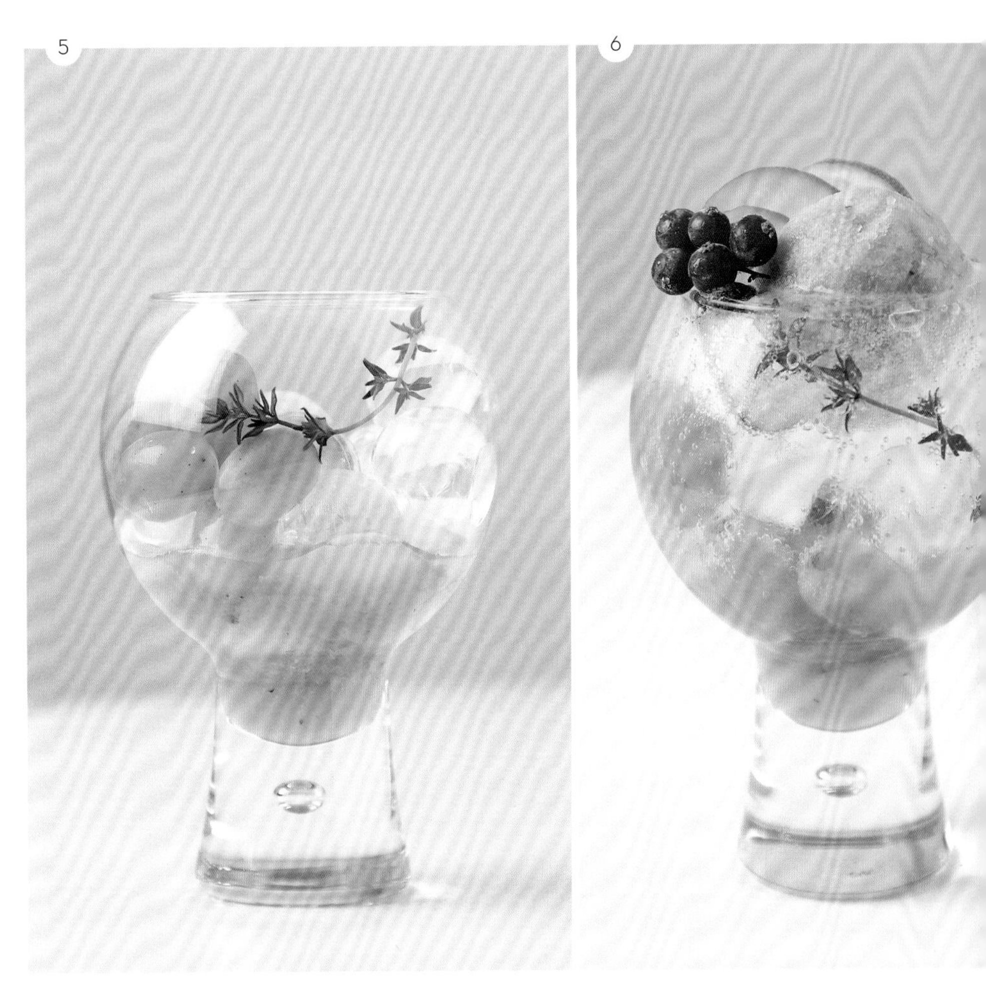

5 在容器中依次放入④、冰块、青葡萄、百里香。

6 倒入气泡水后，舀一勺③的青葡萄冰沙。再用红醋栗、青柠切片装饰。

草莓抹茶拿铁

POINT 微苦的抹茶拿铁和市售草莓牛奶的结合，
使这款饮品有着柔软又甜蜜的口感。
加一些煮好的木薯粉珍珠（155 页）更加美味哦。

1 CUP / 10 min

- 抹茶粉 1小勺
- 热水 3大勺
- 草莓牛奶 1/2杯（100mL）
- 冰块 适量
- 绿茶冰淇淋 1勺
- 草莓 1颗

TIP 产品购买

抹茶粉（099页）

绿茶冰淇淋（099页）

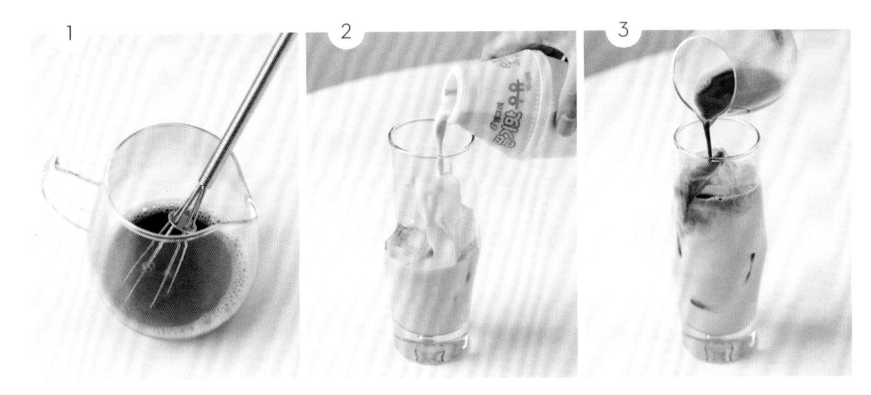

1. 将抹茶粉放入热水中溶解，晾凉。
2. 在容器中放入冰块，浇上草莓牛奶。
3. 把①浇到冰块上。
 ＊抹茶只有浇到冰上才能不混层。

4. 在上面放上绿茶冰淇淋。
5. 用草莓装饰。

异域哈密瓜苏打

POINT 哈密瓜糖浆色香味俱全，
加上外星人团子来装饰，再插上甜筒冰淇淋，
就能感受到妙不可言的魅力。

1 CUP / 40 min

- 甜筒冰淇淋 1 个
- 市售的哈密瓜糖浆 2 大勺
- 气泡水 1/2 杯（100mL）
- 冰块 适量
- 鸡尾酒樱桃 2 颗

外星人团子（4 个的量）

- 糯米粉 50g
- 砂糖 1/2 小勺
- 盐 少许
- 绿色食用色素 少许
- 热水 35mL（根据糯米粉的状态适当增减）
- 巧克力笔 2 支（白色、黑色）

TIP 产品购买

哈密瓜糖浆（099 页）
食用色素（099 页）
巧克力笔（133 页）

1

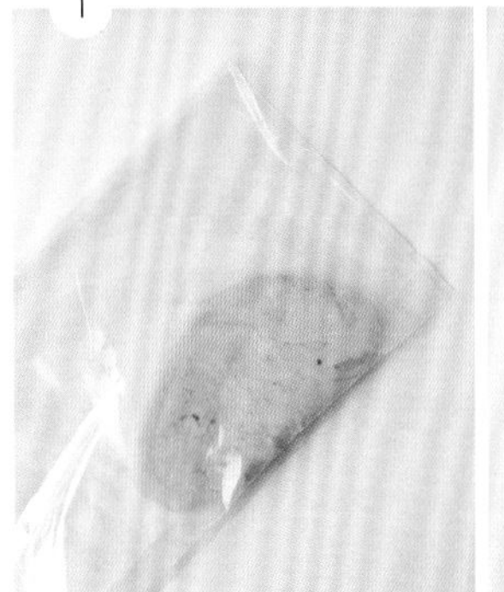

将糯米粉、砂糖、盐、食用色素装入保鲜袋中，倒入少量热水，将面团揉至平滑。

＊用抹茶粉代替色素，也可以使面团呈现出鲜艳的颜色。

2

如图所示，捏成外星人形状。

＊手要沾上热水才不会被粘住。

3

将②放到沸水锅中，轻轻搅拌，注意不要煳锅底，用文火煮 4~5min，直至团子漂浮上来即熟透。用勺子捞出，放到冰水中浸泡一下再取出。

4

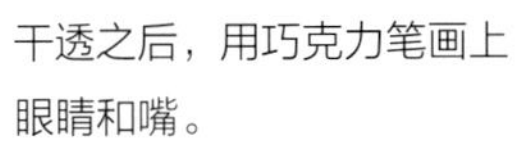

干透之后，用巧克力笔画上眼睛和嘴。

＊将巧克力笔放到热水中浸泡，变得松软之后再使用。

5

在容器中依次放入冰块、哈密瓜糖浆、鸡尾酒樱桃，最后倒入气泡水。

6

将甜筒冰淇淋倒扣在容器上，再放上④。

非咖啡
冰饮
成人饮用

大眼仔绿茶奶昔

POINT 用绿茶冰淇淋、开心果、棉花软糖做出动漫里的卡通角色。再用巧克力笔画出各种各样的表情。

1 CUP / 20 min

- 绿茶冰淇淋 1勺
- 棉花软糖 1个
- 巧克力笔 3支（白色、黑色、绿色）
- 开心果 2颗

绿茶奶昔

- 绿茶冰淇淋 1勺（90g）
- 牛奶 1/2杯（100mL）
- 冰块 1杯（100g）

TIP 产品购买

绿茶冰淇淋（099页）
巧克力笔（133页）

1

用巧克力笔在容器上画一张嘴。

＊将巧克力笔放到热水中浸泡，使其变得松软之后再使用。用圆形的杯子才能做出卡通的感觉。

2

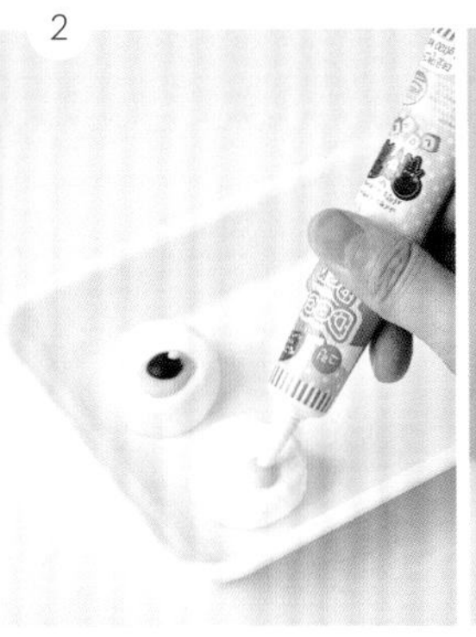

将棉花软糖分为两半，用巧克力笔画上眼睛。

3

将制作绿茶奶昔的材料放入搅拌机中搅拌均匀。

4

把③装入容器中。

5

上面放上绿茶冰淇淋。

6

把②的棉花软糖放到眼睛的位置，用开心果做出耳朵。

Brown

格调茶棕

兼具亲密感与特别感的棕色饮品

如何调制出棕色

1 用好自制糖浆

香草糖浆 / 冷藏保存 1 个月

香草荚 2~3 个（131 页），水 400mL，砂糖 320g

1__将香草荚切成长长的两半，用刀刮出里面的籽（135 页）。

2__在锅中倒入水，文火煮开，加入砂糖，不要搅拌，静置直至糖溶化。

3__放入香草荚的皮和籽后，不要搅拌，用文火煮 2~3min，使其冷却。

4__放到消过毒的玻璃容器（218 页）中，室温下放置 3 天，使其味道完全释放，冷藏保存。

* 冷藏保存 1 周后使用更美味。

黑糖糖浆 / 室温保存 1 个月

黑糖 100g（133 页）、水 100mL、速溶咖啡粉 1/2 包（0.5g，可省略）

1__将黑糖、水放入锅中，文火煮 5~10min，不用搅拌。

2__混入咖啡粉后，关火使其冷却。

* 加入咖啡粉颜色会更深，也可以省略这一步。

3__放到消过毒的玻璃容器（218 页）中，室温下保存。

2 用好市面上的成品

雀巢可可粉
和牛奶、水一起
混合食用的巧克力味的饮料专用粉。
购买方式 • 大型超市

冷萃咖啡
用凉水泡的咖啡。
虽然没有油脂，缺了一些风味，
但若需要明显分层或冻冰时可以使用。
购买方式 • 便利店、大型超市

炒面
味道香醇，可以给孩子做饮料时使用。
也可以撒在饮品上做装饰。

香草荚
把香草荚晒干后用来制作糖浆（130 页）
或放入牛奶中煮，泡出香味时使用。
购买方式 • 网购

中空巧克力球，
是装饰用的巧克力。
常用巧克力笔在上面画画装饰。
购买方式 • 网购

泡芙奶油拿铁粉
在咖啡店喝到的泡芙奶油拿铁的主材料就是它，
用于制作饮品的冲泡粉。
混到奶油中更美味。

用好市面上的成品

奥利奥

和牛奶、冰一同碾碎，制作奶昔时使用。
小的奥利奥也经常用作装饰。

速溶咖啡粉

油脂丰富的咖啡粉常用于制作意式浓缩咖啡；
颜色干净的咖啡粉用于制冰。
推荐产品 • 雀巢美式无糖速溶咖啡，
卡奴 Kanu 无糖美式咖啡

大麦粒

以牛奶为主材料的饮品中经常会用到，
像麦片一样倒入饮品即可。

巧克力雪糕

直接插到饮品上即可。
可增加味觉和视觉上的趣味。
推荐有巧克力脆皮的产品。

巧克力碎

五颜六色，可作为装饰使用。
购买方式 • 网购

巧克力酱

可以混合到饮品中，因为质地黏稠，
也可以沾到杯口（146 页）作为装饰材料。
推荐产品 • Nutella

用好市面上的成品

巧克力笔

可以画画或附着在其他材料上使用。
有白色、粉色、绿色、黄色、蓝色、
黑色等颜色。

购买方式 • 网购

可可粉

虽然是饮品用粉，
但也可以撒在牛奶泡沫上装饰。

推荐产品 • Valrhona 可可粉

木薯粉珍珠

制作珍珠奶茶的主材料，口感筋道。
煮后（155 页）放入以牛奶为主材料的饮品中食用。
常见的是棕色，也有黄色、绿色、紫色等。

板状巧克力

切开后装饰奶油、
牛奶泡沫时使用。

推荐产品 • Ghana 巧克力

红茶包

可以加入有淡淡清香的奶茶和果茶中。

推荐产品 • Twinings 茶包

黑糖

块状黑砂糖。做成糖浆
放入饮品中会有甜味和醇香。

推荐产品 • 冲绳多良间岛黑糖

香草奶油拿铁

POINT 有着波浪花纹的拿铁。
加入自制的香草糖浆，味道和外观双一流。

1 CUP / 20 min

- 意式浓缩咖啡 2勺（021页）
- 小块冰块 适量
- 牛奶 60mL
- 动物奶油 30mL

香草糖浆（3杯的量）

- 香草荚 2个
- 水 2杯（400mL）
- 砂糖 2杯（320g）

TIP___产品购买

香草荚（131页）

TIP___香草糖浆的保存

放到消过毒的玻璃容器（218页）中，在室温环境下放置3天，使味道释放出来，冷藏保存（1个月）。

1

将香草荚切成长长的两半，用刀刮出里面的籽。

2

把制作香草糖浆的水倒入锅中，文火煮开，加入砂糖。不要搅拌，静置即可。

3

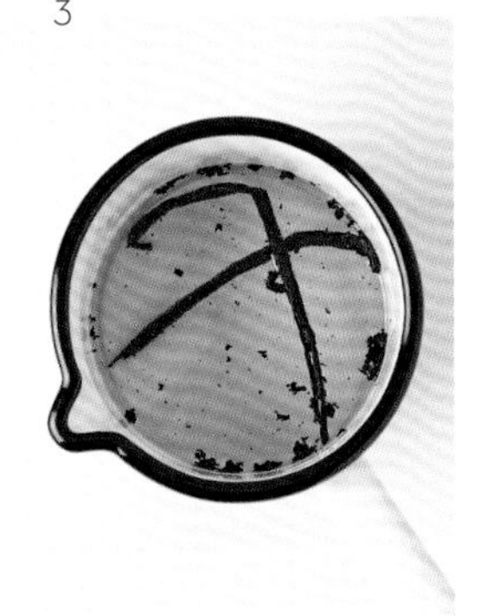

在糖浆中放入①中香草荚的皮和籽，不要搅拌，用文火煮2~3min，使其完全冷却。

4

在容器中加入小块冰至杯口，倒入意式浓缩咖啡。

＊只有使用小块冰才会出现细碎的波浪纹理。

5

将牛奶、动物奶油混合后，浇在冰块上方。

＊牛奶、生奶油按照2：1的比例进行混合，更加美味。

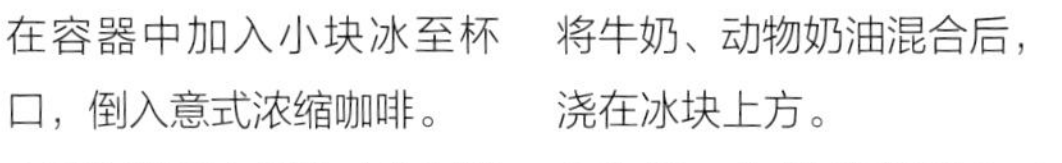

6

倒入1.5大勺③的香草糖浆。

＊在牛奶、动物奶油渗下去一部分后再倒入糖浆，才会减少扩散，出现细碎的波浪纹理。

纯纯的欧蕾咖啡

POINT 制作欧蕾咖啡的核心是炼乳牛奶和冷萃咖啡完美的分离。诀窍是让双层之间的摩擦尽可能小，沉静的像一个整体。

双层欧蕾咖啡

牛奶和咖啡层分离的日式凉炼乳拿铁。

1 CUP / 10 min

- 炼乳 2 大勺
- 凉牛奶 1/2 杯（100mL）
- 市售的冷萃咖啡 1/4 杯（50mL）

TIP 产品购买

冷萃咖啡（131 页）

将炼乳倒入容器中。

再倒入少许牛奶。

轻轻搅拌 1min 以上。

＊注意搅拌时不要出现泡沫。

用勺子的背部撑住，将咖啡沿着勺子缓缓倒入牛奶上方。

＊一点点倒入才会让摩擦变小，这样分层就会很明显。

巧克力泡芙奶油拿铁

POINT

在连锁咖啡店品尝过的泡芙奶油拿铁，今天华丽变身！
奶油顶做出尖尖的凸起，杯口用巧克力装饰，
将和谐之美做到极致。

1 CUP / 20 min

- 泡芙奶油拿铁粉 2 大勺
- 矿泉水 1 大杯
- 牛奶 1/2 杯（100mL）
- 意式浓缩咖啡 1 勺（021 页）
- 冰块 适量
- 巧克力笔 1 支

奶油顶

- 泡芙奶油拿铁粉 1 大勺
- 凉矿泉水 1/2 大勺
- 动物奶油 1/4 杯（50mL）

TIP 产品购买

泡芙奶油拿铁粉（131 页）

1

用巧克力笔在杯口自然地挤出造型，待其凝固。

*将巧克力笔放在热水中，待变软了再用。

2

将 2 大勺泡芙奶油拿铁粉溶解在矿泉水中。

3

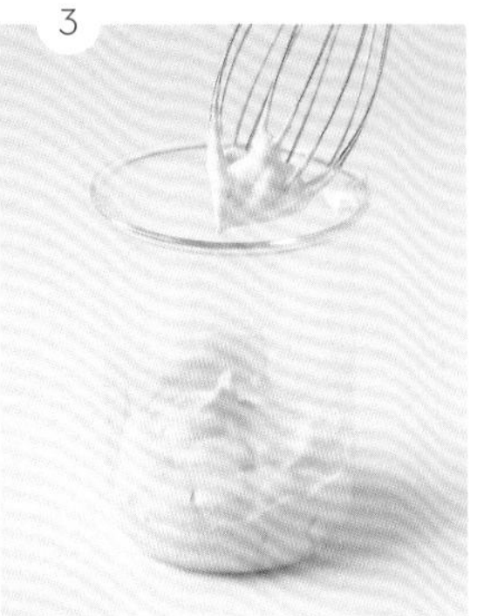

取 1 大勺制作奶油顶用的泡芙奶油拿铁粉，将其溶解在凉矿泉水中。加入动物奶油，用手动打蛋器搅拌，直到打蛋器提起时奶油能形成硬实的尖角。

4

将②、冰块放入玻璃瓶中，将牛奶倒到冰块上。

*只有在冰上倒入牛奶，才能不混层（216 页）。

5

将意式浓缩咖啡浇在冰块上。

*只有在冰上倒入咖啡，才能不混层（216 页）。

6

将③的奶油装入安装好裱花嘴的裱花袋后，用它挤出螺旋状。

*也可以用巧克力碎装饰。

咖啡软糖牛奶

POINT 喝着咖啡牛奶，
不经意间吃到咖啡软糖，
别有一番滋味。

1 CUP / 15 min
（+凝固咖啡软糖）

- 香草冰淇淋　1勺
- 牛奶　1/2杯（100mL）
- 冰块　适量
- 和情（Lotus）饼干　1块
- 鸡尾酒樱桃　1颗

咖啡软糖

- 明胶片　1片
- 速溶咖啡粉　2包（约2g）
- 砂糖　2大勺
- 热水　3大勺
- 凉矿泉水　1/4杯（50mL）

1

明胶片放入凉水中浸泡2~3min，泡发后去掉表面水珠。

2

在容器中将咖啡粉、砂糖和热水搅拌后，放入①使其融化。

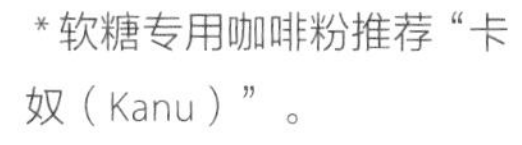

*软糖专用咖啡粉推荐“卡奴（Kanu）”。

3

将②与凉矿泉水混合。覆盖保鲜膜，放入冰箱2h以上，咖啡软糖就定型了。

4

在容器中加入冰块，再用勺子舀出③的咖啡软糖，放入容器。

5

顶部放上香草冰淇淋。

6

倒入牛奶，用和情饼干、鸡尾酒樱桃装饰。

*用筷子拨开冰块和软糖，让牛奶渗入容器下方。

大麦脆拿铁

POINT 用香蕉牛奶做成冰块，会有香醇的味道，
放入满满的克丽安大麦粒，可以制成更加美味的拿铁。
也可以不加咖啡和孩子一起享用。

1 CUP / 5 min
（+冻香蕉牛奶冰）

- 香蕉牛奶 1 瓶
- 意式浓缩咖啡 1 杯（21 页）
- 克丽安大麦粒 1/2 杯
- 芭蕉 少许

TIP___儿童款

省略过程③的意式浓缩咖啡。

1 在冰格里倒入 1/2 瓶香蕉牛奶，冷冻成冰块。

2 在容器放入①的冰块，倒入剩下的香蕉牛奶。

3 将意式浓缩咖啡浇在冰块上。
＊只有将咖啡浇在冰块上，才能不混层（216 页）。

4 倒入克丽安大麦粒。

5 用切成薄片的芭蕉装饰。

团子超人炒面饮

POINT
用炒面代替咖啡，是儿童版维也纳咖啡的既视感。
在饮品上放上团子显得更加可爱，增加了饮品的趣味性。
也可以用年糕来代替团子。

1 CUP / 40 min

- 炒面 1 2 大勺
- 炒面 2 少许
- 蜂蜜 2 小勺
- 牛奶 1 杯（200mL）
- 冰块 适量

奶油

- 动物奶油 1/4 杯（50mL）
- 砂糖 1 小勺

团子（3 个）

- 糯米粉 50g
- 砂糖 1/2 小勺
- 盐 少许
- 热水 35mL（根据糯米粉的状态进行增减）
- 红色、黄色食用色素 少许
- 巧克力笔 2 支（白色、黑色）

TIP 代替色素

制作团子时可以用巧克力笔画出表情来代替色素。

1

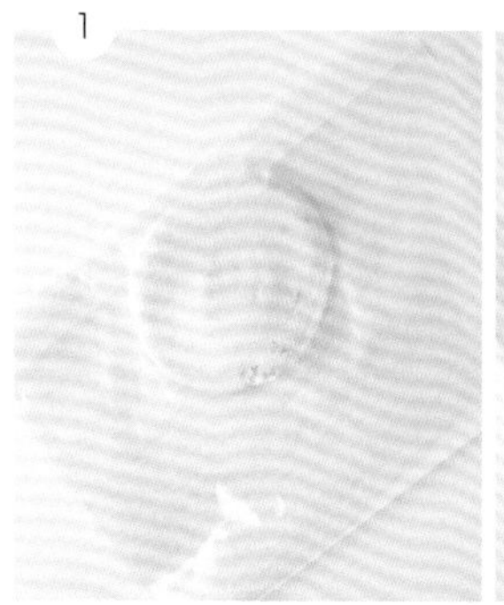

将糯米粉、砂糖、盐装入保鲜袋中，倒入少量热水，和面，直至面团变得平滑。

2

和面时取出一小部分面团，分别加入红色和黄色食用色素，然后分别再和面。如图所示，捏成团子形状。

＊手要沾上热水才不会被粘住。

3

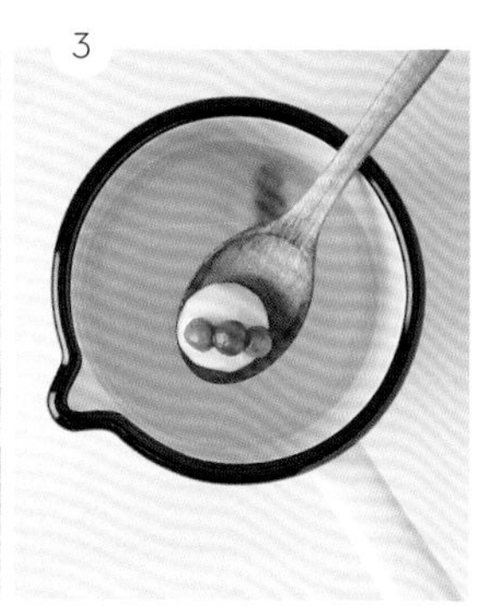

将②放到沸水锅中，轻轻搅拌，注意不要煳底，用文火煮 4~5min，直至漂浮上来即熟透。用勺子捞出，放到冰水中浸泡一下再取出。

4

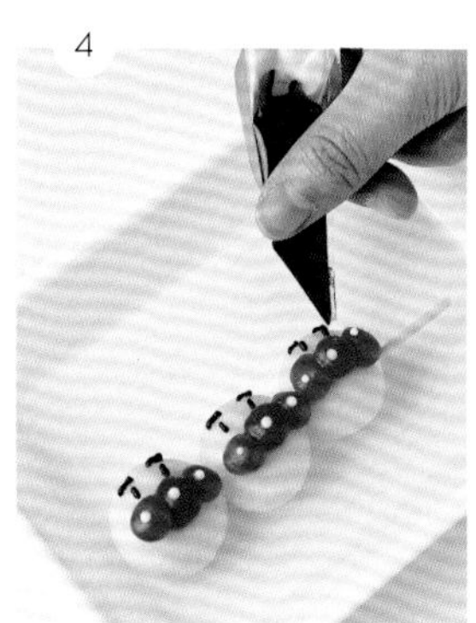

用扦子将③穿起来。将巧克力笔熔化后放入裱花袋中，裱花袋稍稍剪个小口，在团子上画出脸部。

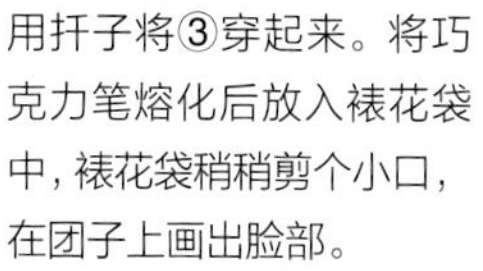

＊使用裱花袋能够让线条画得更精细。

5

在搅拌机中加入炒面 1，倒入蜂蜜和牛奶搅拌均匀。

＊也可以放进摇摇杯中摇晃。

6

用手动打蛋器轻轻打发制作奶油的材料。在容器中，按照冰块→⑤→奶油的顺序倒入，用炒面 2、团子装饰。

非咖啡
冰饮
儿童、成人均可饮用

巧克力香蕉冰淇淋拿铁

POINT

冻香蕉和巧克力酱混合后重新冷冻，
一杯浓醇的自制巧克力香蕉冰淇淋拿铁就完成了！
可以直接食用，也可以待冰淇淋融化后当作饮品饮用。

1 CUP / 15 min
（+冻冰淇淋）

- 冻香蕉 1个
- Nutella巧克力酱（或其他巧克力酱） 2大勺
- 雀巢可可粉 1包（13.5g）
- 牛奶1 2大勺
- 牛奶2 100mL
- 巧克力碎 2大勺
- 冰块 适量
- 小饼干 少许

TIP＿产品购买

雀巢可可粉（131页）
巧克力碎（132页）

1

将冻香蕉、Nutella巧克力酱装到碗中，用叉子捣碎拌匀。

2

冷冻1小时以上，再用叉子搅拌均匀，巧克力香蕉冰淇淋就完成了。

3

在容器的杯口用勺子抹上Nutella巧克力酱，再沾上巧克力碎。

4

取雀巢可可粉，使其溶解在牛奶1中。

5

在容器中按照冰块→④→牛奶2的顺序分别加入。

6

用挖球器挖一勺②放入容器中，最后用小饼干装饰。

咖啡炼乳魔方拿铁

POINT 将人气咖啡——魔方拿铁和炼乳拿铁合二为一的饮品！
把一半咖啡一半牛奶冻成冰块，
味道香醇，回味无穷。

1 CUP / 10 min
（+冻咖啡牛奶冰）

- 意式浓缩咖啡 1 杯（021 页）
- 炼乳 2 大勺
- 牛奶 1/2 杯（100mL）

咖啡牛奶冰

- 速溶咖啡粉 1.5 包（1.5g）
- 热水 1 大勺
- 矿泉水 1/4 杯（50mL）
- 牛奶 1/4 杯（50mL）

1

将速溶咖啡粉放到热水中溶解，再矿泉水混合，倒入冰格中，填满 50% 左右，冷冻 4h 以上。

* 冻冰专用咖啡粉推荐“卡奴 Kanu”。

2

冰格剩下的空间倒入 50mL 牛奶来填充，再冻 4h 以上。

3

将冻好的冰放入容器中，倒入炼乳。

4

倒入 100mL 牛奶。

5

倒入意式浓缩咖啡。

奶油维也纳咖啡

维也纳咖啡
在美式咖啡顶部加入动物奶油的咖啡。

POINT 将奶油放到咖啡上方一同享用。

虽然是常见的饮品，但用挖球器将奶油放到咖啡上面，形成尖角状，增添视觉上的美感。

1 CUP / 10 min

- 意式浓缩咖啡 2杯（021页）
- 热水 1/2杯（100mL）
- 可可粉 1小勺
- 板状巧克力 少许

奶油

- 植物奶油 1/4杯（50mL）
- 砂糖 1小勺

1

将板状巧克力切碎。

2

杯子里加入制作奶油的材料，用手动打蛋器打发，直到打蛋器提起时奶油形成硬实的尖角。

*植物奶油虽然没有动物奶油味道香，但外形比动物奶油更好控制。

3

4

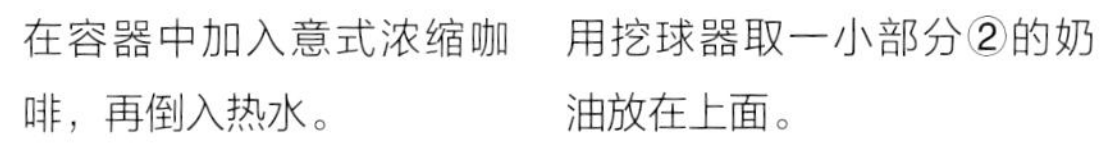

在容器中加入意式浓缩咖啡，再倒入热水。

用挖球器取一小部分②的奶油放在上面。

*也可以用勺子取奶油，但用挖球器（018页）的话形状更漂亮。

TIP 制作更香的奶油

动物奶油和植物奶油按照 1 : 1 的比例配制，
口感更香醇。

5

用可可粉和①装饰。

黑糖珍珠奶茶

POINT 醇厚的黑糖奶茶，可以自己做。
从黑糖糖浆的制作方法
到木薯粉珍珠的煮法，这里全部都分享出来。

1 CUP / 40 min

- 木薯粉珍珠 2 大勺
- 牛奶 1/2 杯（100mL）
- 伯爵红茶茶包 1 个
- 热水 1/4 杯（50mL）
- 冰块 适量

黑糖糖浆（1/2 杯的量）

- 黑糖 100g
- 水 1/2 杯（100mL）

TIP 产品购买

木薯粉珍珠（133 页）

黑糖（133 页）

TIP 黑糖糖浆保存方法

放到消过毒的玻璃容器（218 页）中，置于室温下保存（1 个月）。

1

将黑糖糖浆的材料放入锅中，不用搅拌，直接用文火煮 5~10min。

* 也可以加入咖啡粉，使颜色更浓。

2

将木薯粉珍珠放入沸水锅中（3 杯），中火煮 20min。关火，静置闷 10min。

3

用筛子过滤，在凉水中过一下之后装瓶。

4

在容器中加入碎冰块，再倒入 2 大勺①的黑糖糖浆。

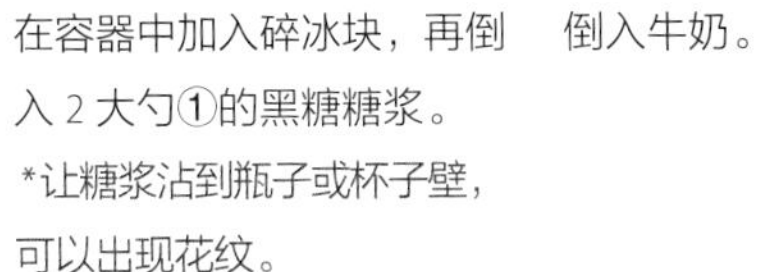

*让糖浆沾到瓶子或杯子壁，可以出现花纹。

5

倒入牛奶。

6

用热水将伯爵红茶茶包煮开，倒入。

非咖啡
热饮
儿童、成人均可饮用

小熊热巧克力

POINT 牛奶泡沫上漂浮着小熊形状的棉花软糖，这样一杯超级可爱的热巧克力，谁能不爱？

1 CUP / 30 min

- 板状巧克力 1/4 个（20g）
- 牛奶 1 100mL
- 牛奶 2 50mL
- 可可粉 1 2 小勺
- 可可粉 2 少许
- 砂糖 1 小勺
- 丽莎蕨叶 1 张

小熊棉花糖（2 个的量）

- 大棉花糖 2 个
- 小棉花糖 5 个
- 巧克力笔 2 支（白色、黑色）
- 彩色巧克力球 2 个

TIP 产品购买

丽莎蕨叶（098 页）
巧克力笔（133 页）
彩色巧克力球（069 页）

1

用巧克力笔将大小不同的两种棉花软糖粘到一起，做成小熊的样子。用巧克力笔、彩色巧克力球做出脸部。

＊将巧克力笔放到热水中浸泡至松软后再使用。

2

将板状巧克力弄碎。

3

将牛奶 1 倒入锅中用文火煮，当四周开始煮沸时加入可可粉 1、砂糖、②，一边搅拌，一边继续煮 2~3min。

4

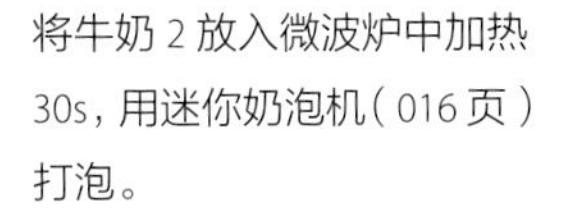

将牛奶 2 放入微波炉中加热 30s，用迷你奶泡机（016 页）打泡。

5

将③倒入容器中，将④的泡沫放到上面。

6

用可可粉 2、小熊棉花软糖、丽莎蕨叶装饰。

＊棉花软糖很容易下沉，注意在饮用之前再放。

非咖啡
冰饮
儿童、成人均可饮用

雪人奥利奥奶昔

POINT 炎炎夏日，不如试着做一杯奶昔凉爽度日？
雪白的冰淇淋加上巧克力，
一个可爱的雪人就诞生了！

1 CUP / 20 min

- 香草冰淇淋 2勺
- 冰块 1/2 杯（50g）
- 牛奶 1/2 杯（100mL）
- 大奥利奥 3个

雪人装饰

- 小奥利奥 4个
- 中空巧克力球 1个（白色）
- 巧克力笔 2支（白色、黑色）
- 迷迭香 2根

TIP 产品购买

小奥利奥（132 页）
中空巧克力球（131 页）
巧克力笔（133 页）

1 用巧克力笔在中空巧克力球上画出雪人的脸。在小奥利奥上涂一些巧克力，像帽子一样粘在巧克力球上。

*将巧克力笔放到热水中浸泡，变得松软之后再使用。

2 在2个小奥利奥上涂少许巧克力，粘在容器外面，做出雪人的扣子。

3 将1勺香草冰淇淋、冰块、牛奶、大奥利奥放入搅拌机搅拌均匀。

4 将③放入②的杯子中，再放上1勺冰淇淋和①。

5 将1个小奥利奥插到冰淇淋上，再插上迷迭香做成胳膊。

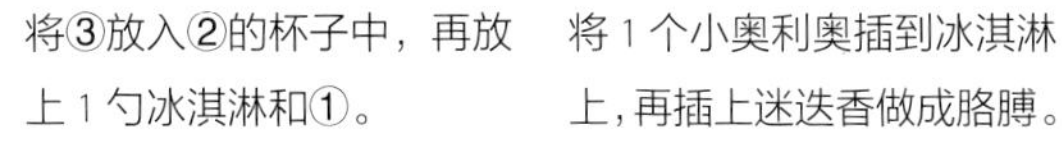

Blue and purple

浪漫蓝紫

充满神秘魅力的蓝色或紫色饮品。

如何调制出蓝色和紫色

1 用好自制果酱

蓝莓果酱 / 冷藏保存 7~10 日

蓝莓 2 杯（或冷冻蓝莓，200g），砂糖 50g，柠檬汁 1 小勺

1＿将蓝莓放入混有小苏打的水里，浸泡 30min。

2＿清洗后用厨房用纸擦干水分。

3＿将蓝莓、砂糖放入锅中，文火煮 5min，直至砂糖煮化。

4＿开中火，倒入柠檬汁，撇去浮沫，煮 5~10min。

5＿关火，使其完全冷却。

6＿放到消过毒的玻璃容器（218 页）中，冷藏保存。

果酱

将水果与砂糖一同熬制的食品，砂糖的用量少，大概是水果的 1/5~1/4。

2 用好市面上的成品

果汁色素

有水果香味的液体色素，可以在制冰（213 页）或自制软糖（176 页）时使用。

购买方式 • 网购

珍珠冰淇淋

在便利店买的珍珠形状的冰淇淋。放到雪碧、气泡水中色香味俱全。

蛋白糖饼

用蛋清做的饼干，外观和颜色都很漂亮，重量轻，适用于装饰。

购买方式 •烘焙店

用好市面上的成品

蝶豆花

蝶豆花主要用来泡茶喝。
可以在制作深蓝色饮品时使用。
也推荐使用紫罗兰花叶。

购买方式 • 网购

蓝柑糖浆、薄荷糖浆

蓝柑糖浆有淡淡的橙子味，
薄荷糖浆有清爽的薄荷味，
是制作饮品用的糖浆。

推荐产品 • Monin 糖浆、1883 糖浆

香芋粉

把香芋的果实加工制成的
饮品用粉，与地瓜、栗子相似，
有香喷喷的味道。

购买方式 • 网购

蓝柠檬汽水粉

可以制作蓝色柠檬汽水的
饮品用粉。

推荐产品 • 雀巢蓝柠檬汽水粉

食用琉璃苣花

蓝色的花，
暴露在空气中马上就会枯萎，
主要制作装饰用的花冰。

购买方式 • 网购

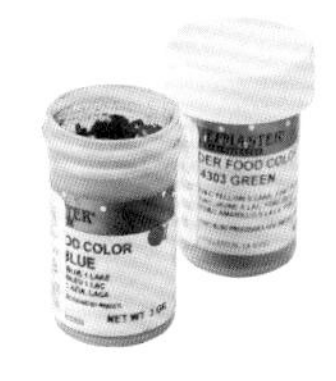

巧克力专用食用色素

与普通的液体色素不同，
它是可以与白色巧克力混合使用
的脂溶性粉状色素。

购买方式 • 网购

市售蓝柠檬汽水饮料

制作蓝色饮料时使用。
与牛奶汽水混合更加美味。

购买方式 • 网购

紫薯拿铁粉

深紫色，
有甜甜地瓜香味的饮品用粉。

购买方式 • 网购

宇宙木槿汽水

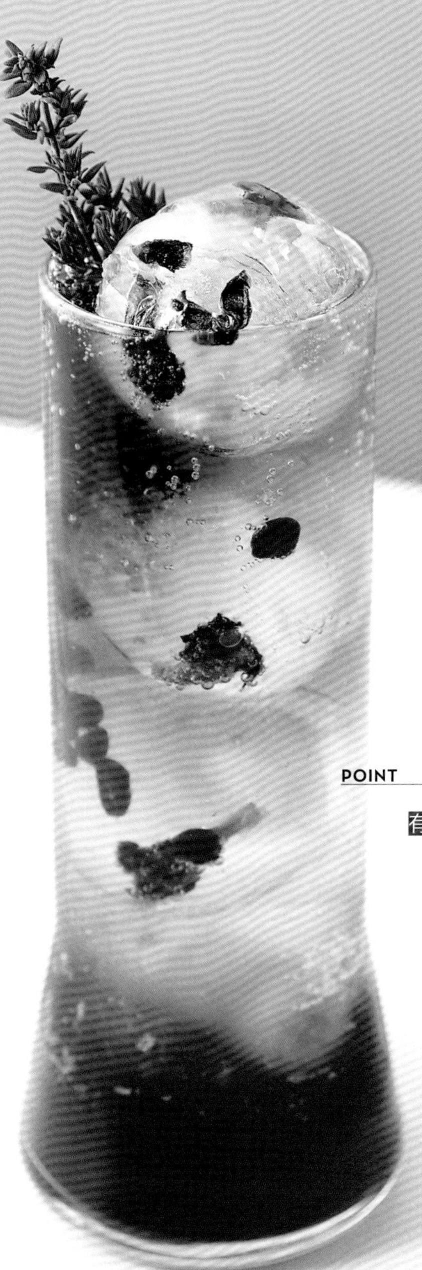

POINT 将红色、蓝色、紫色三色巧妙融合，
有着宇宙般神秘感觉的汽水。
用长杯子更加美观。

1 CUP / 20 min
（+冻冰）

- 木槿花 5 片
- 蝶豆花 5 片
- 热水 5 大勺
- 蜂蜜 2.5 大勺
- 粉红柠檬汽水粉 1/2 小勺
- 气泡水 150mL
- 柠檬汁 1/2 小杯
- 冷冻石榴籽 7~8 颗
- 百里香 少许

蝶豆冰（或普通冰）

- 蝶豆花 4~6 朵
- 凉白开 适量

TIP 产品购买

木槿花（035 页）
蝶豆花（163 页）
粉红柠檬汽水粉（035 页）
冷冻石榴籽（034 页）

1

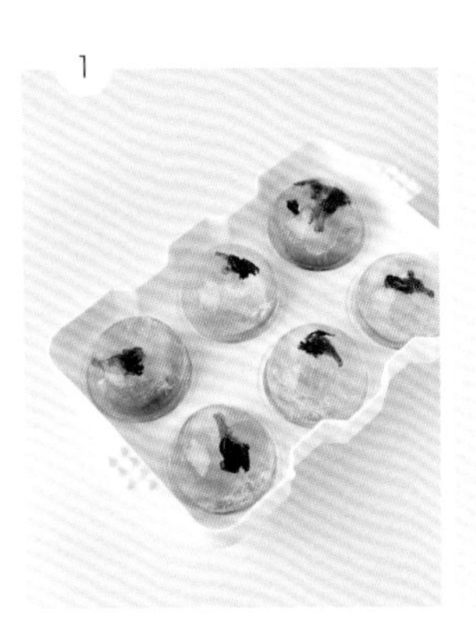

将蝶豆花叶放到冰格中冻成冰。

＊必须使用凉白开，这样冰才会是透明的。

2

将木槿花放入 3 大勺热水中，浸泡 4~5min 后捞出花，与粉红柠檬汽水粉混合，再加入蜂蜜

3

用另一个容器装 5 片蝶豆花，加 2 大勺热水浸泡后捞出花。

4

在容器中装入①的冰、石榴籽、百里香。

5

加入②、气泡水、柠檬汁。

6

最后加入③。

湛蓝奶茶

POINT 将蝶豆花茶加到黑糖奶茶中，更添一缕清香。
倒入牛奶时不要搅拌，使深蓝色更加明显，饮品更加美观。

1 CUP / 40 min

- 牛奶 1 杯（200mL）
- 木薯粉珍珠 2~3 大勺
- 蝶豆花 7~8 朵
- 热水 2 大勺
- 冰块 适量

黑糖糖浆（1/2 杯的量）

- 黑糖 100g
- 水 1/2 杯（100mL）

TIP___产品购买

木薯粉珍珠（133 页）
黑糖（133 页）
蝶豆花（163 页）

TIP___黑糖糖浆保存方法

放到消毒过的玻璃容器（218 页）中，置于室温下保存（1 个月）。

1

将制作黑糖糖浆的材料放入锅中，不要搅拌，用文火慢慢煮 5~10min。

* 也可以加入咖啡粉，让颜色变深。

2

在 60mL 沸水锅中加入木薯粉珍珠，中火煮 20min。关火，静置 10min。用筛子过滤，将珍珠放到凉水中冲洗后，装入容器中。

3

将蝶豆花放到热水中浸泡出颜色后捞出花。

4

在容器中加入冰块，①的黑糖浆 3 大勺。

* 冻冰时，稍微混合一点泡过蝶豆花的水，冰会变成蓝色。

5

将牛奶浇在冰块上。

* 只有浇在冰块上，才能不混层（216 页）。

6

将③浇在冰块上。

* 只有在热的时候浇在冰块上，才能不混层（216 页）。

棉花糖拿铁

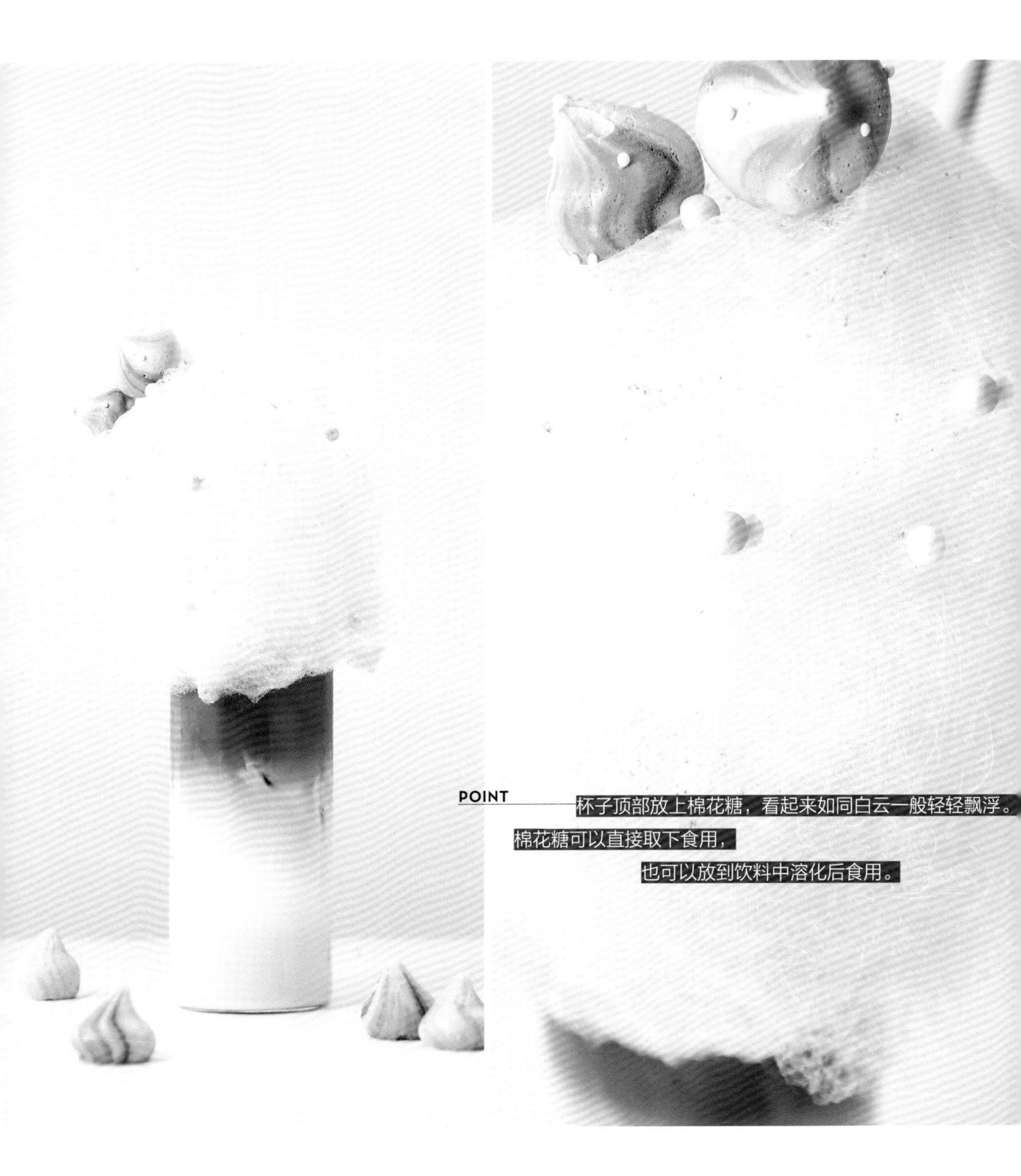

POINT 杯子顶部放上棉花糖，看起来如同白云一般轻轻飘浮。棉花糖可以直接取下食用，也可以放到饮料中溶化后食用。

1 CUP / 10 min

- 白色棉花糖 1个
- 牛奶 1/4杯（50mL）
- 意式浓缩咖啡 1杯（021页）
- 冰块 适量
- 蛋白糖饼 少许
- 食用珍珠 少许

蓝色糖浆

- 蓝柑糖浆 1大勺
- 炼乳 1小勺
- 牛奶 1/4杯（50mL）

TIP 产品购买

蛋白糖饼（162页）
食用珍珠（026页）
蓝柑糖浆（163页）

TIP 儿童款

省略过程④的意式浓缩咖啡，多加牛奶。

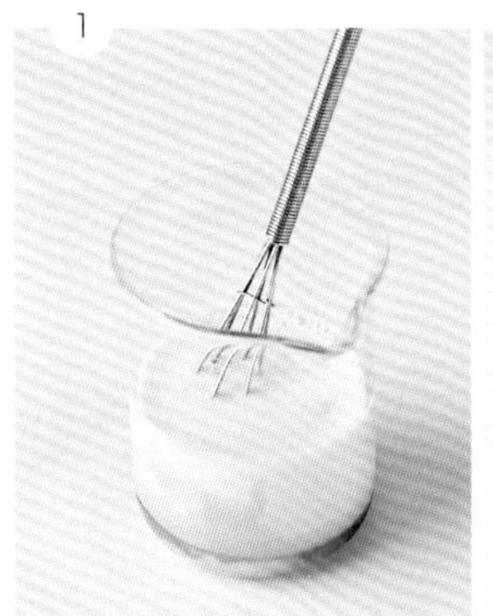

1 搅拌蓝色糖浆的材料。

2 将冰块放入容器中，倒入①。

3 倒入牛奶。

4 将意式浓缩咖啡浇在冰块上。
* 只有将咖啡浇在冰上，才能不混层（216页）。

5 将棉花糖放到杯子上，再用蛋白糖饼、食用珍珠装饰。

春日之海蓝柠檬汽水

POINT 蓝色的蝶豆花茶，
紫色的花冰，
带给你春日之海的完美体验。

1 CUP / 15 min
（+冻花冰）

- 蓝柠檬汽水粉 1 小勺
- 矿泉水 1 小勺
- 蓝柑糖浆 2 大勺
- 蝶豆花 5 片
- 热水 2 大勺
- 气泡水 1/2 杯（100mL）
- 柠檬汁 1/2 小勺

花冰（或普通冰）

- 食用琉璃苣花 10 朵
- 凉白开 适量

TIP 产品购买

蓝柠檬汽水粉（163 页）
蓝柑糖浆（163 页）
蝶豆花（163 页）
食用琉璃苣花（163 页）

1

用冰格冻花冰。
*必须使用凉白开，这样冰才会是透明的。

2

将蓝柠檬汽水粉溶解到矿泉水中后，再倒入蓝柑糖浆混合。

3

将蝶豆花放到热水中浸泡出颜色后捞出花。

4

在容器中按顺序分别加入②→①的花冰。

5

倒入气泡水、柠檬汁。

6

倒入③。
*蝶豆花茶遇到柠檬汁的酸性成分就会变成紫色。

嘟嘟珍珠苏打

POINT 将珍珠冰淇淋用在饮品中，非常独特。
放入气泡水中，一个个颗粒与气泡水完美结合，
迸发出咯吱咯吱的咀嚼感，给饮品带来更有魅力的口感。

1 CUP / 10 min
（+冻糖浆冰）

- 蓝色珍珠冰淇淋 1个
- 雪碧 1/2杯（100mL）
- 柠檬切片 1片
- 百里香 少许
- 圆叶薄荷 少许

糖浆冰（或普通冰）

- 蓝柑糖浆 少许
- 凉白开 适量

TIP 产品购买

珍珠冰淇淋（162页）

蓝柑糖浆（163页）

1

用冰格冻糖浆冰。

＊必须使用白开水，这样冰才会是透明的。

2

在容器中分别装入①的冰、百里香、珍珠冰淇淋。

3

倒入雪碧。

4

放上柠檬切片，中间插入圆叶薄荷。

晶莹软糖苏打

POINT 将软糖凝固在冰格中，做成冰的形状。
宛如大颗水珠漂浮的样子。
给饮品添加了很有嚼劲的口感，来试试吧。

1 CUP / 10 min
（+凝固软糖）

- 魔芋粉 约 4g
- 砂糖 1/4 杯（40g）
- 水 1.5 杯（300mL）
- 果汁色素 少许
- 雪碧 3/4 杯（150mL）

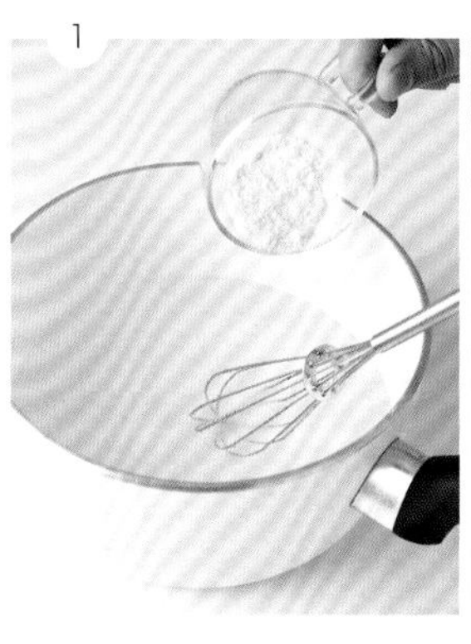

1

将砂糖、水倒入锅中，文火熬煮，煮的过程中加入少许魔芋粉，用打蛋器搅拌。煮沸后搅拌 2~3min，关火。

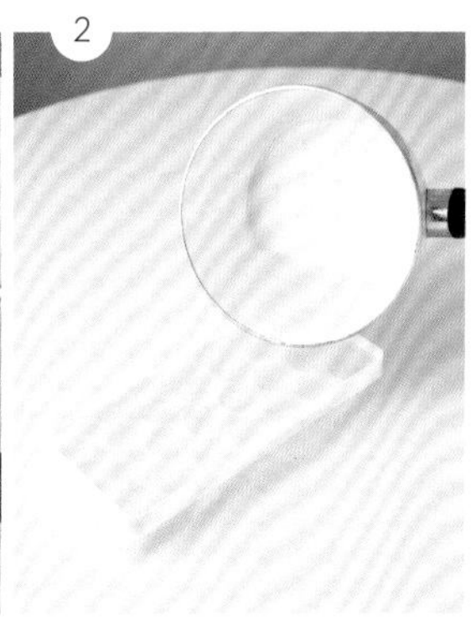

2

晾一会，在液体变硬之前倒入圆形的小冰格中（215 页）。

3

在冰格中央滴 1~2 滴果汁色素。

*选自己喜欢的颜色即可。

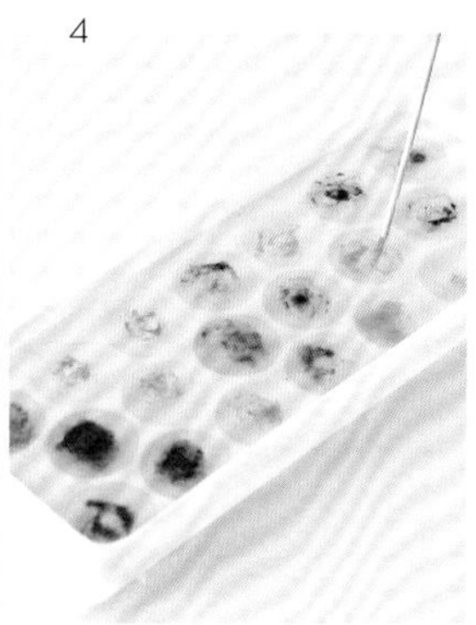

4

用牙签轻轻搅拌后，盖上冰格的盖子，放到冰箱内静置 3h 以上使其凝固。

*稍稍搅拌就会出现渐变的效果。

TIP 制作更香的奶油

魔芋粉（027 页）

果汁色素（162 页）

将④放入容器中。

倒入雪碧。

* 也可以用香草、食用花装饰。

卷发精灵的蓝莓牛奶

POINT 有着一头自来卷的卡通精灵这次出现在饮品中啦！
用香蕉牛奶做出黄色的脸蛋，
用自制的蓝莓果酱和奶油混合，做成厚实的卷发。

1 CUP / 30 min

- 蓝莓 5~6 个
- 动物奶油 1/2 杯（100mL）
- 香蕉牛奶 3/4 杯（150mL）
- 冰块 适量
- 圆叶薄荷 少许
- 巧克力笔 2 支（白色、黑色）

蓝莓果酱

- 冷冻蓝莓 1/2 杯（或蓝莓，50g）
- 砂糖 1.5 大勺
- 柠檬汁 1/2 小勺

TIP 产品购买

巧克力笔（133 页）

1

将制作蓝莓果酱的材料放入锅中，文火煮 5min，期间用叉子将蓝莓碾碎。用筛子过滤后冷却。

2

在容器上用巧克力笔画出精灵的脸部。

* 将巧克力笔放到热水中浸泡至松软状再用。

3

将蓝莓切成两半。

4

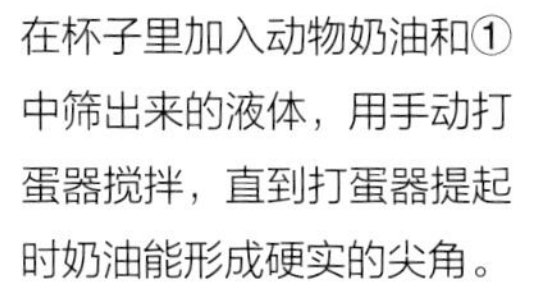

在杯子里加入动物奶油和①中筛出来的液体，用手动打蛋器搅拌，直到打蛋器提起时奶油能形成硬实的尖角。

5

将蓝莓的横截面贴在容器的杯壁，加冰块固定，倒入香蕉牛奶。

* 留少许蓝莓作装饰。

6

将④的奶油装入安装好裱花嘴的裱花袋之后，用它挤出螺旋尖角，再用剩下的蓝莓、圆叶薄荷装饰。

紫色香芋珍珠奶茶

POINT 这款饮品突显出香芋特有的紫色。
紫色的珍珠更为饮品增添一份视觉享受。

1 CUP / 40 min

- 木薯粉珍珠 3 大勺
- 牛奶 1 100mL
- 牛奶 2 （打泡用）50mL
- 香芋粉 1 小勺
- 热水 3 大勺
- 冰块 适量
- 茉莉花叶 少许

香芋糖浆

- 香芋粉 2 大勺
- 砂糖 1 小勺
- 热水 1/4 杯（50mL）

TIP 产品购买

木薯粉珍珠（133 页）

香芋粉（163 页）

茉莉花叶（98 页）

1

木薯粉珍珠煮过后用筛子过滤，放入凉水中冲洗。

* 木薯粉珍珠的煮法参考 155 页。

2

用另一个容器将制作香芋糖浆的材料混合。

3

在容器中按照①→冰块→②的香芋糖浆的顺序分别倒入。

4

倒入牛奶 1。

5

将牛奶 2 放入微波炉，加热 30s 之后，用迷你奶泡机（016 页）打出奶泡。

6

将 1 小勺香芋粉放入 3 大勺热水中溶解后，倒入奶泡的中央。用茉莉花叶装饰。

* 香芋粉溶解之后倒入奶泡中，上半部分也会有颜色。

软糖冰牛奶汽水

POINT 用五颜六色的软糖冰吸引眼球，
调和两种饮料，做成天蓝色的渐变效果。
不要错过冰融化后的美味软糖哦！

1 CUP / 10 min
（+冻软糖冰）

- 牛奶汽水 约 120mL
- 市售蓝柠檬汽水饮料 约 80mL
- 香草冰淇淋 1 勺
- 迷迭香 少许
- 鸡尾酒樱桃 1 颗

软糖冰（或普通冰）

- Haribo 软糖（或其他软糖） 10~15 颗
- 凉白开 适量

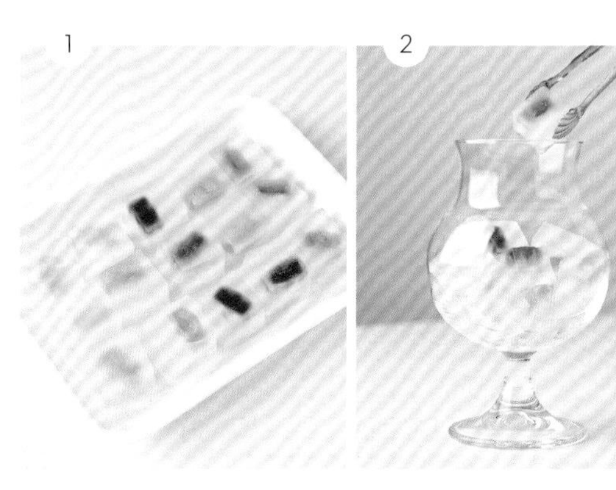

1 用冰格冷冻软糖冰。
＊必须使用凉白开，这样冰才会是透明的。

2 将①的软糖冰放入容器中。

3 加入迷迭香，倒入牛奶汽水。

4 倒入市售蓝莓柠檬汽水饮料。
＊牛奶汽水和蓝柠檬汽水饮料的比例为 3：2 时味道最佳。

TIP___制作更香的奶油

蓝柠檬汽水饮料（163 页）

5 放上香草冰淇淋。

6 用鸡尾酒樱桃装饰。

* 也可以用 Haribo 软糖装饰。

巧克力棒薄荷拿铁

POINT

将市面上卖的薄荷糖浆和牛奶混合，
就能做出薄荷拿铁的味道。这里将巧克力雪糕直接放到饮品里，
让饮品的味道和外形都变得更特别。

1 CUP / 5 min

- 巧克力雪糕 1 支
- 牛奶 1/2 杯（100mL）
- 薄荷糖浆 2 小勺
- 意式浓缩咖啡 1 杯（021 页）
- 巧克力粉 少许

<u>TIP</u>___产品购买

巧克力雪糕（132 页）
薄荷糖浆（163 页）

<u>TIP</u>___儿童款

省略过程④的意式浓缩咖啡。

1

将薄荷糖浆倒入牛奶中混合。

2

在容器中放入巧克力雪糕。

＊推荐有巧克力脆皮的雪糕。

3

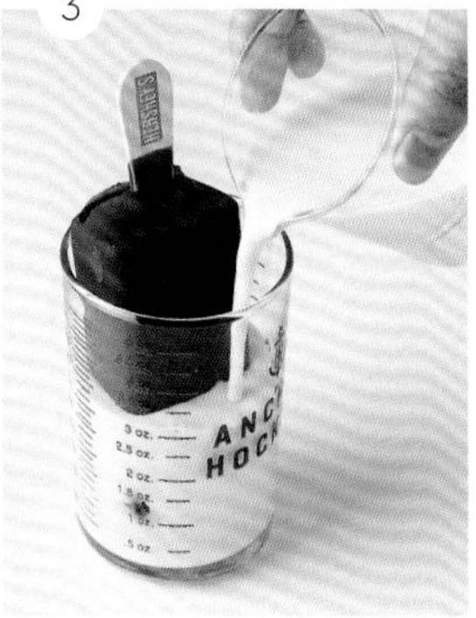

倒入①。

＊也可以加入冰块。

4

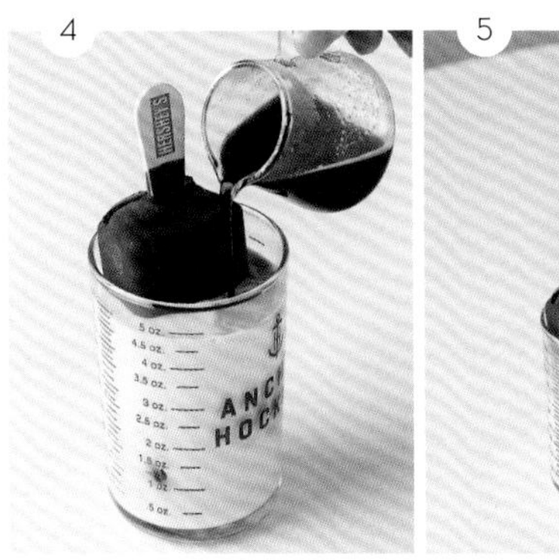

倒入意式浓缩咖啡。

5

用巧克力粉装饰。

甜甜圈薄荷巧克力奶昔

POINT 做个可爱的卡通甜甜圈来装饰。
可爱又好喝
尽情享受美食的乐趣。

1 CUP / 30 min

- 原味甜甜圈 1个
- 白巧克力 40g
- 棉花软糖 1个
- 蓝色巧克力专用食用色素 少许（也可省略）
- Nutella 巧克力酱 2大勺（或其他巧克力酱）
- 小巧克力曲奇 3~4块
- 巧克力笔 1支

薄荷巧克力奶昔

- 薄荷糖浆 2大勺
- 香草冰淇淋 1勺（90g）
- 板状巧克力 1/2个（40g）
- 冰块 1杯（100g）
- 牛奶 1/2杯（100mL）

TIP 产品购买

巧克力专用食用色素（163页）
薄荷糖浆（163页）

1

将白巧克力放入碗中。用文火隔水加热熔化后，和巧克力专用食用色素混合。

＊注意巧克力不能碰到水。

2

将棉花软糖切成两半，用巧克力笔画上眼睛。将①的巧克力均匀涂抹在甜甜圈上，在巧克力凝固之前将棉花软糖粘到甜甜圈上。

＊也可以用巧克力曲奇做嘴巴。

3

在容器的杯口用勺子抹上Nutella 巧克力酱。

4

将巧克力曲奇碾碎，粘到杯口。

5

将薄荷巧克力奶昔的材料装到搅拌机中搅拌均匀。

6

将⑤装到容器中，将甜甜圈放到容器上面。

软糯紫薯拿铁

POINT 香喷喷的紫薯味热拿铁，谁会不爱。将紫薯粉轻轻撒到牛奶泡沫的一侧，效果立刻上升了一个档次。

1 CUP / 10 min

- 紫薯拿铁粉 1　1 大勺
- 紫薯拿铁粉 2　少许
- 热水　1 大勺
- 牛奶　1 杯（200mL）
- 丽莎蕨叶　1 片

TIP　产品购买

紫薯拿铁粉（163 页）
丽莎蕨叶（098 页）

1

将紫薯粉 1 放入热水中溶解。

2

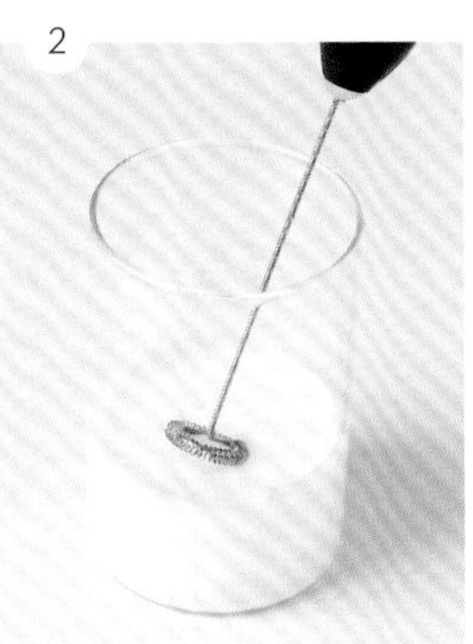

用微波炉把 150mL 牛奶加热 1.5min。剩下 50mL 牛奶，用迷你奶泡机（016 页）打出奶泡。

3

将①倒入杯中，再倒入②中 150mL 牛奶。

4

盛出②的奶泡放在饮品的上层。

5

用丽莎蕨叶、紫薯拿铁粉 2 装饰。

草莓意式布丁

POINT ——将草莓果酱倒入布丁上，形成红与白的碰撞。布丁、果酱，两种食材都是越凉越好吃。

2 CUP / 30 min
(+凝固软糖)

- 草莓果酱 （200mL，033 页）
- 明胶片 2 张（4g）
- 牛奶 1/2 杯（100mL）
- 动物奶油 1/2 杯（100mL）
- 砂糖 1 大勺
- 香草籽 1/2 的量（按 135 页处理）
- 草莓薄片 2 颗
- 丽莎蕨叶 2 张

草莓意式布丁

1

取 1 张明胶片，将其放入凉水中浸泡 2~3 分钟，泡发后去除水分。

2

将牛奶、动物奶油、砂糖、香草籽放入锅中，用文火煮 5 分钟，直至四周煮沸。放入①的明胶片，一边搅拌一边继续煮 2~3 分钟。然后连锅放入冰水中冷却。

3

用厨房用纸擦干杯子，如图所示，将容器倾斜摆放，将②装入杯中的一半位置。

4

用牙签去除泡沫之后入冰箱冷冻 3 小时以上，使其凝固。

5

将草莓果酱倒入④的杯中。

* 果酱需将果肉均匀碾碎后使用。

6

用草莓薄片、丽莎蕨叶装饰。

咔嚓咔嚓的草莓糖葫芦

POINT

糖葫芦很容易制作失败。

咬一口，表面发出咔嚓咔嚓酥脆的响声就成功了。

现在就分享一下其中的奥秘。

8 EA / 15 min

- 草莓1 8-10颗
- 草莓2 1颗
- 砂糖 1杯（160g）
- 水 1/4杯（50mL）
- 糖稀 2大勺

咔嚓咔嚓的草莓糖葫芦

1

将草莓1的水分擦干后用扦子穿好。

*要使用没有破损的新鲜草莓。

2

将砂糖、水放入锅中，文火煮5min，不要搅拌，直至砂糖溶化，然后加入糖稀，再煮5min。

3

将草莓2分为两半，放入②中煮2~3min后捞出。

*放入草莓后糖浆就会变成鲜红色。

4

用小碗准备一些冰水。用勺子沾一些③的糖浆，“Z”字形洒在冰水上，如果糖浆能够凝固成固体，就可以关火了。

*确认糖浆的状态很重要。

5

用勺子将糖浆抹在草莓上。

*糖浆很快就会凝固，需要快速涂抹。

6

将草莓放到烘焙纸上，置于凉快的地方凝固后，用扦子将其穿起来。

*如果长时间置于室温环境下，糖浆就会熔化，需要及时食用。

松软的鸡蛋三明治

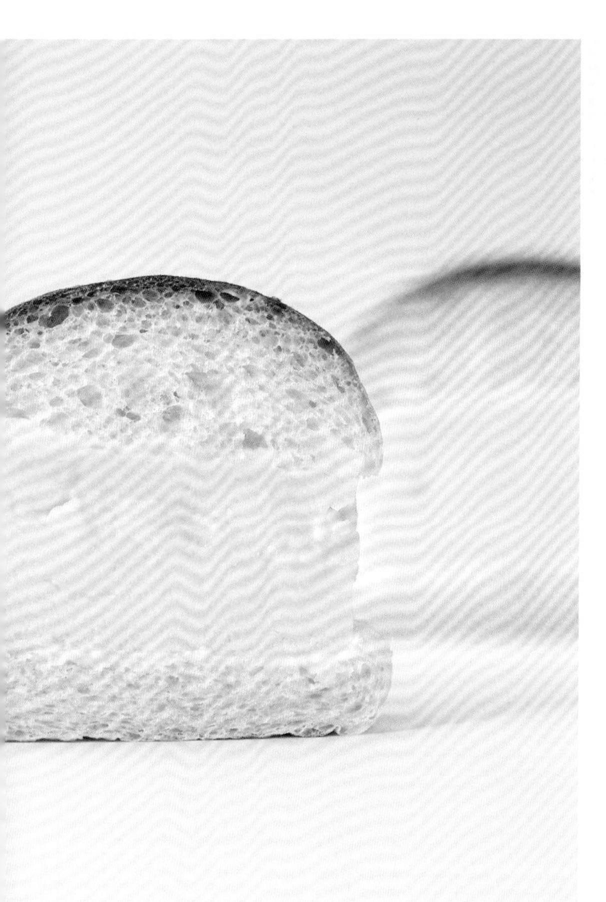

POINT 用圆形的早餐面包做出可爱的玉子烧三明治。鸡蛋要做得厚厚的，熟透了才更好看哦。

日式玉子烧三明治：日式做法的鸡蛋三明治。

2 EA / 20 min

- 早餐面包 2个
- 黄油 少许
- 蛋黄酱 1大勺

鸡蛋液

- 鸡蛋 4个
- 砂糖 1~1.5大勺（根据个人喜好增减）
- 料酒 1大勺
- 盐 1小勺
- 牛奶 1/3杯（约70mL）

松软的鸡蛋三明治

1

将鸡蛋液的材料混合均匀后用筛子过滤。

2

将做鸡蛋卷的平底锅烧热，用厨房用纸涂抹黄油。倒入蛋液，文火加热，用筷子搅拌，直到蛋液凝结成小块为止。

3

将平底锅向一侧倾斜，将蛋液推至一边。用2个锅铲夹住，让蛋液凝固变硬，煎5min。

4

待蛋液凝固之后关火，用余热再煎5min。冷却后切成两半。

5

将早餐面包切成两半，抹上蛋黄酱。

*喜欢吃甜口的话，可以在其中一面抹上草莓酱。

6

将④的鸡蛋卷分别夹在两份早餐面包中间。

五颜六色的水果三明治

POINT

将各种水果切成大块，制作成美味诱人的三明治！
如图所示，将水果原封不动地放入三明治夹层，
展示出漂亮的切面。

2 CUP / 30 min
（+冷却）

- 吐司面包 2 片
- 香蕉 1/3 个
- 猕猴桃 1 个
- 黄桃 2 块
- 草莓 1 颗

奶油

- 动物奶油 1 杯（200mL）
- 砂糖 1.5 大勺

五颜六色的水果三明治

1

去掉吐司面包的硬边。将水果切成图中的样子。

2

在碗里加入制作奶油的材料，用手动打蛋器打发，直到打蛋器提起时奶油形成硬实的尖角。

3

将保鲜膜展开后放上吐司。一片吐司上抹一半量的奶油。

4

如图所示，将水果摆上。

＊图中所示的摆法可以露出水果的横截面，很漂亮。

5

剩下的奶油全部抹到水果上，将水果完全盖住。再盖上剩下的一片吐司。

6

用保鲜膜裹住三明治，放到冰箱冷藏 30min 以上，再沿着对角线切成四份。

＊将刀在火上稍稍烤一下，切起来会更容易。

迷你豆沙黄油面包

POINT 在小黑麦面包中放上草莓，让草莓看起来像微微探出脑袋一样，一份小巧的豆沙黄油面包就做好了。

美味的豆沙和黄油是这一份甜点的点睛之笔。

热乎乎的抹茶鲷鱼烧

POINT 用蛋糕粉加一些抹茶粉，
就会制作出微苦的绿色抹茶鲷鱼烧啦，
看起来超可爱。

1 EA / 5 min

- 小黑麦面包（或其他面包） 1个
- 草莓 1颗
- 黄油 1块
- 豆沙 2大勺

TIP 挑选黄油

推荐 Isigny 黄油、Lurpak 黄油、Elle、vire beurre 黄油。

TIP 挑选红豆

选择不是太甜、水分少的红豆沙。

迷你豆沙黄油面包

1

将草莓横切成薄片。将黄油切成 1cm 厚的片。

2

用刀将面包纵向切开。

＊也可以用椰子黄油饼干来代替面包。

3

用刀撑开两片面包，将红豆沙放到中间。

4

夹入黄油片。

5

插上草莓装饰。

4 EA / 15 min

- 蛋糕粉 150g
- 鸡蛋 1个
- 抹茶粉 1大勺
- 砂糖 1小勺
- 牛奶 130mL
- 熟红豆 2大勺
- 食用油 少许

TIP 购买鲷鱼烧机

可以搜索“迷你鲷鱼烧模具”。

热乎乎的抹茶鲷鱼烧

1

除了红豆和食用油，其他材料都放进容器混合。

2

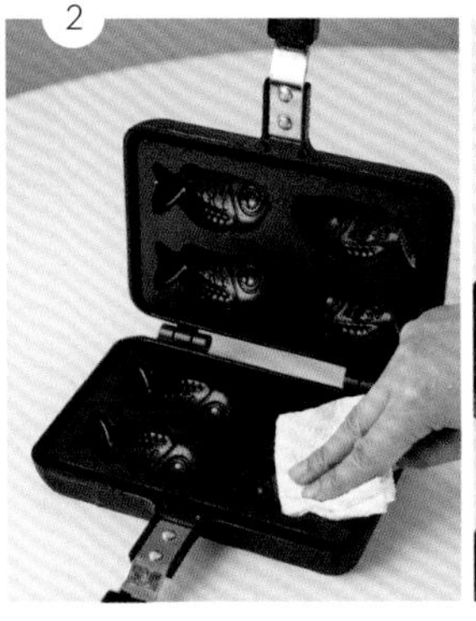

用厨房用纸将食用油涂在鲷鱼烧模具上。

3

将①的面糊放到模具中，大约填满70%即可。

4

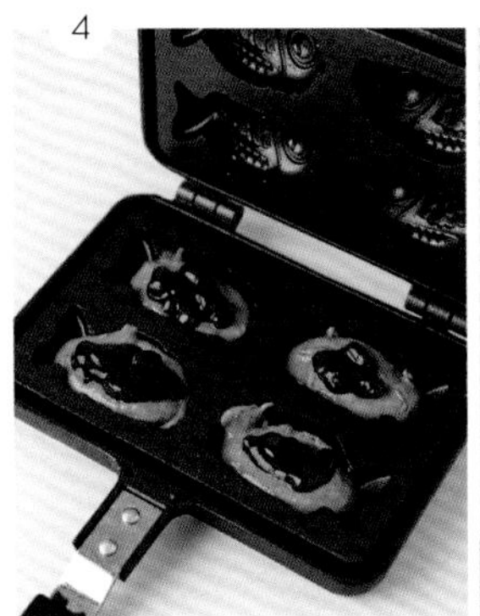

在中间加上熟红豆。

5

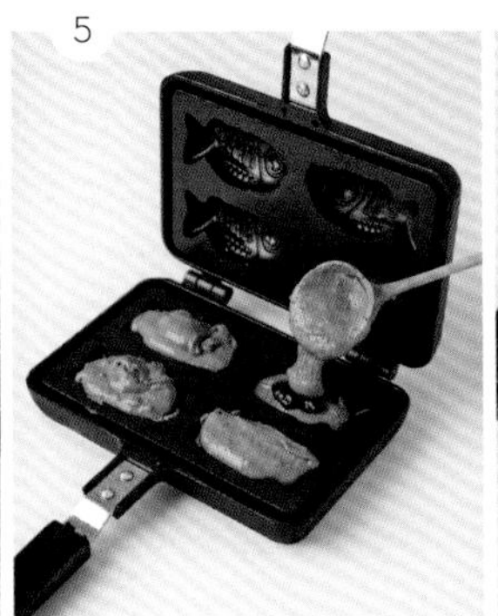

再倒入面糊，将红豆覆盖住。

6

用文火将正反两面各烤制5min。

三色格雷派饼

POINT 用市售的酥脆可丽饼可以很容易做出格雷派饼。
再加上西红柿、鸡蛋、嫩叶菜，营养丰富。

卡通巧克力华夫饼

POINT

用卡通华夫饼机烤出巧克力华夫饼后，
加上橙子、奶油，早午餐套餐就完成了！
也可以和冰淇淋、巧克力糖浆、枫糖浆一同食用。

三色格雷派饼

1 EA / 15 min

- 市售可丽饼 1 张
- 鸡蛋 1 个
- 洋葱 1/4 个
- 培根 2 片
- 黄油 1 1 小勺
- 黄油 2 少许

装饰

- 圣女果 1~2 个
- 嫩叶菜 少许
- 帕玛森奶酪 少许（也可省略）

TIP 可丽饼的选择

推荐“Paysan Breton 可丽饼”。

1 将洋葱、培根切成长条。

2 将 1 小勺黄油放入炒锅中，加入①，炒 1~2min。用厨房用纸吸干油。

3 用厨房用纸沾少许黄油抹在炒锅中，将可丽饼平铺在锅中，将②放在饼的底部四周。

4 中间放入鸡蛋，文火煎 5~6min，直至鸡蛋变熟。

5 将饼的四周朝中间折叠，做成正方形，装入碗里，撒上装饰。

3 EA / 15 min

- 橙子 1/4 个
- 动物奶油 1/4 杯（50mL）
- 砂糖 1 小勺
- 黄油 少许

面团

- 蛋糕粉 150g
- 鸡蛋 1 个
- 可可粉 1 大勺
- 砂糖 1 小勺
- 牛奶 115mL

TIP 华夫饼电饼铛的购买方式

可以搜索“史努比华夫饼电饼铛”。也可以用一般的华夫饼电饼铛。

卡通巧克力华夫饼

1

将面团的材料混合。

2

橙子切成两个薄片。橙子蒂的部分剪成花的样子。

3

将动物奶油、砂糖放入容器中，用手动打蛋器打发，直到打蛋器提起时奶油形成硬实的尖角。

4

用厨房用纸沾一些黄油抹在电饼铛上，倒入面糊。

*也可以在中间放入 1 块板状巧克力。

5

盖上锅盖，烤制 5min。

6

用盘子装好华夫饼，用②中切的橙子片、③的奶油搭配食用。

*也可以搭配冰淇淋、巧克力糖浆、枫糖浆等一起享用。

水果奶油奶酪玛芬蛋糕

POINT 将凉奶油奶酪挤在用市售预拌粉做的玛芬蛋糕上，做出尖角状，再摆上喜欢的水果就完工了！

雪人棉花软糖饼干

POINT 用糖霜和棉花软糖装饰巧克力曲奇，做出雪人快要融化的效果。

9 EA / 50 min

- 动物奶油 1 杯（200mL）
- 砂糖 1/4 杯（40g）
- 室温环境下放置的奶油奶酪 200g
- 时令水果 9 块
- 香草 少许

面团

- 市售的玛芬蛋糕预拌粉 1 袋
- 鸡蛋 2 个
- 牛奶 80mL
- 黄油（或食用油） 50g

水果奶油奶酪玛芬蛋糕

1

按照包装袋的说明书，将面团材料烤制成玛芬蛋糕。

2

在碗中加入动物奶油和砂糖，用手动打蛋器打发，直到打蛋器提起时奶油形成硬实的尖角。

3

将奶油奶酪放到另一只碗中，轻轻打发之后和②混合。装入安装好裱花嘴的裱花袋中，放入冰箱冷藏 30min。

＊放入冰箱冷藏可以使其变得更加硬实，挤出来的形状更漂亮。

4

将③挤在玛芬蛋糕上，挤成有尖角的螺旋状。再用时令水果、香草装饰。

＊玛芬蛋糕的上半部也可以做平整。用挖球器代替裱花袋，效果也很漂亮。

6 EA / 30 min

- 巧克力曲奇 6块
- 棉花软糖 6个
- 巧克力笔 3~4支（白色、黑色、粉色、蓝色）
- 胡萝卜 少许（也可省略）
- M&m 巧克力豆 6粒（也可省略）

糖霜

- 蛋清 40g
- 糖粉 200g
- 柠檬汁 1小勺

雪人棉花软糖饼干

1

用巧克力笔在棉花软糖上画出图片中的脸蛋形状。

* 将巧克力笔放到热水中浸泡，变得松软之后再使用。

2

将胡萝卜切成鼻子的形状，用巧克力笔粘到棉花软糖上。

3

将制作糖霜的材料放到碗中，用迷你打蛋器打发，直至其稀释成酸奶的浓度。

4

用勺子舀一些③，放到曲奇上。

* 在糖霜凝固前要快速进行装饰。

5

放上棉花软糖，用 M&m 巧克力豆装饰，晾干。

Q_如何做出漂亮的冰

A_ 接下来将介绍一些运用丰富多彩的食材及各种样式的冰格来呈现色彩的方法。

方法❶ 添加丰富多彩的食材

1 _ 新鲜水果冰块

将小苹果、草莓、橘子、樱桃等小巧的水果整个放入特大球形冰格（215 页）中制成冰块。如果没有特大球形冰格也可以使用普通的冰格，将一些色彩鲜艳的水果切碎后放入模具中制成冰块即可。使用凉白开制成的冰块更透亮、更漂亮。

2__ 糖浆冰块、色素冰块

在冰格中加入水、糖浆（021页）或果汁色素后轻轻搅拌。这样冰块会呈现出渐变的效果，比完全搅拌均匀后的效果更漂亮。

3__ 香草冰块、花冰

加入香草或花朵冻制而成的冰块。

只加 1~2 个冰块看起来非常漂亮。

4__牛奶冰块、果汁冰块

没有冰格的时候，可将市场上买来的瓶装、袋装牛奶整体冰冻，也能制作出有形状的冰块。冻成冰块后，用剪刀将包装容器轻轻剪开，用凉水冲洗后，用手撕掉包装。过程中要注意安全。

5__咖啡冰块

用速溶咖啡粉、绿茶拿铁粉等加水冻制的冰块。制作方法如下：沿着包装尾部剪开，将粉末倒入杯中，加入水或牛奶搅拌均匀，再将液体重新倒回包装袋中，竖立冻成冰块。

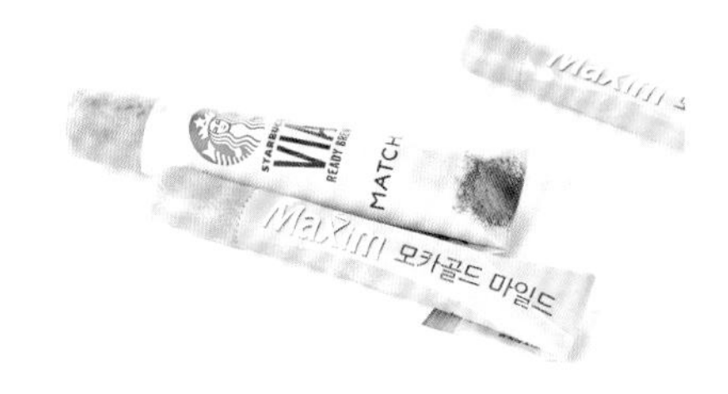

6__分层冰块

利用时间差，分别放入不同的材料，一层一层冻制而成。薄层冰块需 2~3 小时，厚层冰块则需等待半天左右的时间。可在牛奶或水中添加糖浆，也可使用不同口味的彩色牛奶、市售的饮料来制作。抹茶粉末沉淀后会形成另外的深色层次。

方法❷ 使用各种样式的冰格

立方体冰格

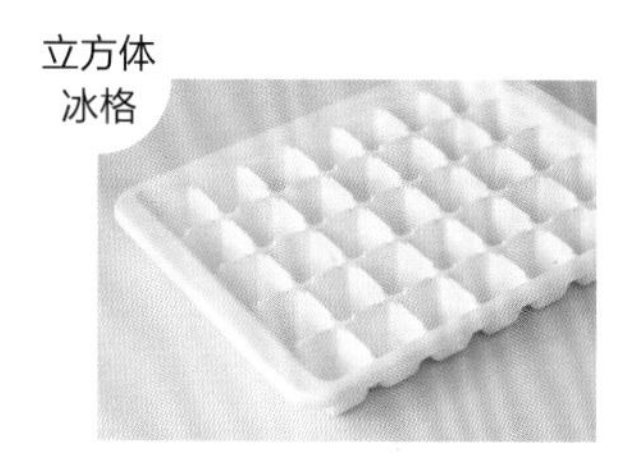

普通立方体冰格

用于制作最常见的立方体冰块。

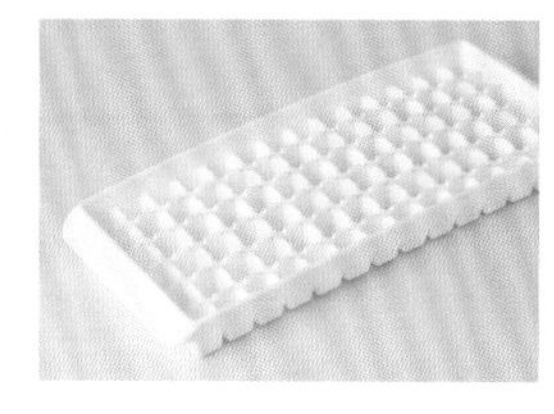

迷你立方体冰格

用于将冰块装入小口瓶或需要制作一些细小的波纹时使用。

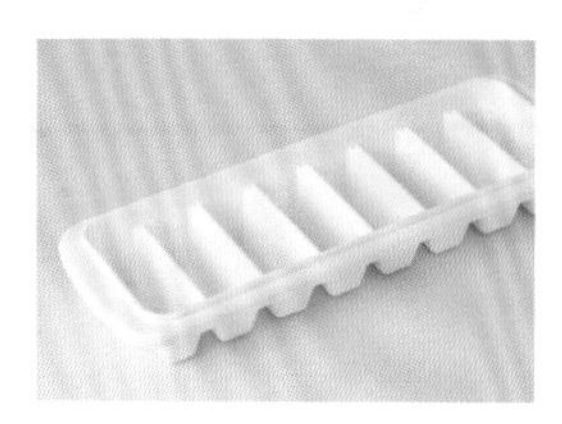

直柱形冰格

容积很大，可以放入水果块冻制成冰。

球形冰格

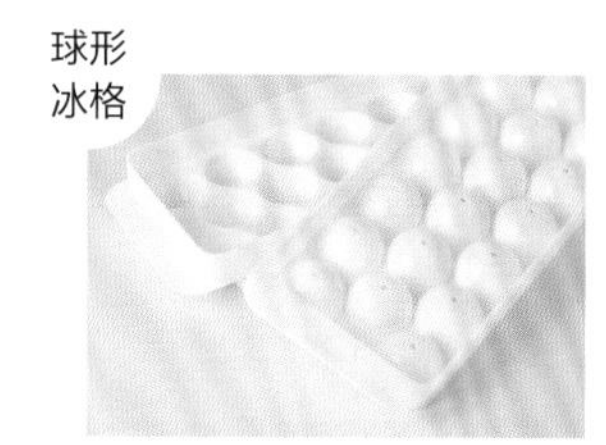

迷你球形冰格

用于添加部分小巧的材料冻制成冰,如一朵花或一小支香草。

特大球形冰格

用于将草莓、柑橘等整个放入，冻制成冰。

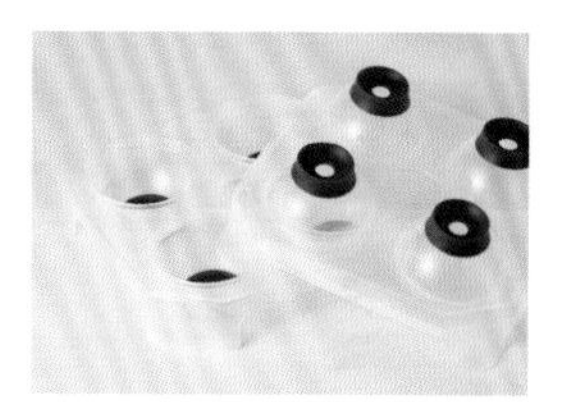

球形洞洞冰格

用于冻制苹果、樱桃等带梗的水果，也可倒入液体材料，制作渐变层冰块。

TIP 注意事项

使用带盖子的冰格制作冰块时，为避免冷冻过程中液体体积增大导致冰块外露或冰块破损等情况，应注意在盖好盖子后，在其上方放置一个有一定重量的碗。

特色冰格

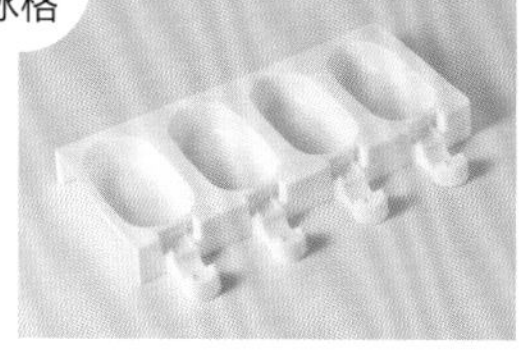

雪糕冰格

用于将果汁、水果泥等冻制成雪糕形状。

其他特色冰格

多为硅胶制品，可制成各种形状的冰块。

Q_如何让饮料不混层，做出分层效果

A_下面将介绍4种分层原理。知晓原理后，不管什么样的材料都能分层装入容器。

1_重量

重量越重的材料越能沉淀到底层。典型的重材料为糖渍水果、糖浆；典型的轻材料为牛奶奶泡、打发的奶油。按照由重至轻的顺序放置，则不会相互混淆。

* 参考菜单为层层橙意（080 页）。

2_浓度

浓度越浓的材料越能沉淀到底层。如鲜牛奶和奶粉调制的牛奶，浓度较大的奶粉牛奶就会沉淀到下层。

* 参考菜单为巧克力香蕉冰淇淋拿铁（146 页）。

3_温度

温热的材料比冰冷的材料浮力更大，因为材料在加热过程中，体积变大，密度减小，产生了对流现象。

* 参考菜单为湛蓝奶茶（166 页）。

4_摩擦

沿着勺子、杯子内壁或冰块上方缓缓倒入材料，以此来减少液体间的摩擦，这样制成的饮品才会形成干净的层次。

* 参考菜单为纯纯的欧蕾咖啡（136 页）。

TIP___放入冰块的顺序

要想呈现的效果不同，就要按照不同顺序将冰块加入饮品。
如果想制成明显的分层效果，应在放入材料后加入冰块。
如果想制成自然的分层效果，应先放入冰块。

4F
奶泡、打发的奶油
3F
意式浓缩咖啡、热茶
2F
牛奶、气泡水、水
1F
糖浆、糖渍水果

Q_制作糖渍水果的注意事项

A__糖渍水果是提味、提色的好帮手，制作糖渍水果要遵循以下5个注意事项。

1__水果带皮清洗干净

柠檬、橘子等外皮较厚的水果应使用小苏打或大粒盐用力揉搓后，放入冷水中清洗。第一次洗涤过后，将水果再次浸泡入加有小苏打、食醋的水中，或使用大粒盐再次进行揉搓、清洗。草莓等柔软的水果，只需将其浸泡在加入小苏打的水中 30min 后，再清洗干净即可。一定要将清洗后的水果表皮的水分完全控干。

2__将玻璃容器消毒

将开水（两杯）倒入有盖子的玻璃容器后充分摇晃，倒置晾晒。一定要将水分完全控干。

TIP___常见糖渍水果

糖渍草莓、糖渍苹果、糖渍樱桃
糖渍柠檬、糖渍金橘、糖渍橙子、糖渍柑橘
糖渍青柠、糖渍青葡萄、糖渍猕猴桃

TIP___保质期

制作糖渍水果时，如果严格遵守注意事项，那么在冰箱冷藏室可以冷藏保存 3 个月。但是用苹果、青葡萄、猕猴桃等腌制的糖渍水果容易变色，建议只保存 1~2 星期。所有的糖渍水果都应当少量制作并尽快食用。

3__注意材料和砂糖的比例

砂糖不仅可以增加糖渍水果的甜度，同时也是糖渍水果的保鲜剂。因此，如果掌握不好砂糖和材料的比例，在保存过程中很容易滋生霉菌。材料和砂糖大致按照 1:1 的比例即可。如果是糖度较高的水果，则应减少砂糖的分量，按照 1:0.8 的比例腌制即可。

4__完全阻断空气

糖渍水果遇到空气很容易变质，因此完全阻断空气是非常重要的。将材料装入玻璃容器中，用砂糖盖住材料表面，将表面空气隔断。然后再封住保鲜膜，盖上盖子。这样才能更好地保存糖渍水果。

5__室温下将砂糖溶化后，再放入冷藏室保存

如果在砂糖溶化前，就将做好的糖渍水果放入冷藏室，那么砂糖很可能会凝固。因此，应该先将糖渍水果在室温下放置半天到一天，待砂糖溶化后再放入冰箱冷藏室。另外，如果在保存过程中砂糖有沉淀，应摇晃瓶子或将瓶子倒置。

Q_装饰饮料的小秘诀

A_只要饮品顶部装饰得好看，就算成功了一大半。接下来将介绍5个顶部装饰的小窍门。

1_试试做个水果帽

这种方法多用于柑橘类饮品。饮品制作完毕后，充分利用剩余的材料。将柠檬、西柚、橙子、青柠等一分为二后，用刀在水果尾部切出十字形状，插入香草，装饰在饮品顶部，帽子就制作完成了。或者直接将水果切片，中间插入香草或吸管，放到容器顶部即可。

2_灵活使用挖球器

用挖球器将冰淇淋、果冻等挖成球状，放置在饮品顶部就能达到装饰的目的。如没有冰淇淋、果冻，也可以用搅拌机或刨冰机，将普通的冰块刨成冰沙，装饰在饮品顶部。还可以用小冰勺取些许打发的奶油装饰在饮品顶端，也很漂亮。

3_ 放个小巧的水果

如果白色奶油、香草冰淇淋看上去太单调，不如加上一些鸡尾酒樱桃、红加仑、覆盆子等小巧鲜艳的水果点缀。如果再加入香草一起装饰，就更漂亮了。

4_ 插入曲奇或巧克力

若要使用简约风格的色彩来装饰，可将曲奇或者巧克力块斜插入饮品，看起来也很有感觉。推荐使用小熊饼干。

5_ 撒上粉末

可以试着在奶泡上撒上一些饮品专用粉末。将粉末倒入筛子，用手轻轻敲打即可。可以整体抛撒，也可以只撒某一面，看起来别具一格。

Q_如何做出满满的牛奶泡沫

A__只要遵守3个原则，新手也可以打出丰富的奶泡。

1 __ 选择全脂牛奶，不要选低脂牛奶

奶泡是牛奶中的脂肪成分遇到空气后形成的。只有选用普通的全脂牛奶才能打出丰富的奶泡。

2__ 将牛奶加热至温热即可，避免过度加热

用微波炉将牛奶温热后再打发，这样形成的奶泡才不容易消失，且更加柔和。

同时使用热牛奶和奶泡时：

200mL 加热 1min30s，250mL 加热 2min，300mL 加热 2min30s 左右即可。

只使用奶泡时：

50mL 加热 30s 即可。

3__ 请熟记打奶泡的工具的使用方法

使用迷你奶泡机（第 016 页）可以打出细密的奶泡，用来装饰饮品的顶部。使用法压壶（第 014 页）可以制作出柔和、顺滑的奶泡。像拿铁一样，可以与牛奶一同享用。

使用迷你奶泡机时：

将其放入温热的牛奶底部，打发 30s 后再将奶泡机移至牛奶上半部，继续打发 1min 即可。

使用法压壶时：

将温好的牛奶倒入法压壶中，上下反复移动手柄打发后，再将滤网放在牛奶底部集中打发数十次即可。

Q_如何制作美式、拿铁等基本咖啡

A_下面介绍几种使用意式浓缩咖啡制作的咖啡饮品。

TIP 意式浓缩咖啡

高压冲出的咖啡，是制作各式咖啡的基本原材料。一般情况下，原豆 7 ± 1g，萃取时间为 25 ± 5s，萃取量为 25 ± 5mL。这是 1 杯的量

* 调制意式浓缩咖啡（021 页）

澳式黑咖啡（Long black）

比美式放入的水更少，
味道更加浓郁的咖啡

美式咖啡（Americano）

意式浓缩咖啡加水后
制成的咖啡

维也纳（驭手）咖啡（Einspanner）

在美式咖啡上添加香甜奶油的咖啡。
也可以使用冷萃咖啡、荷兰咖啡、
滴漏式咖啡。

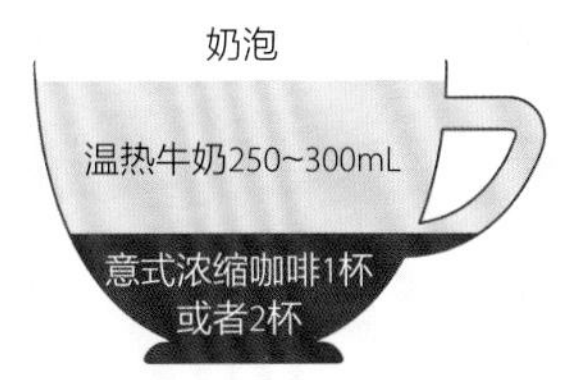

拿铁（Latte）

在意式浓缩咖啡中掺入加热后的牛奶，
奶泡厚度在1cm以下的咖啡。
意式浓缩咖啡与牛奶的比例为1:4

馥芮白咖啡（Flat white）

奶泡厚度在0.5cm以下，杯面平整的咖啡。
意式浓缩咖啡与牛奶的比例为1：2
意大利超浓咖啡是缩短意式浓缩咖啡的萃取时间，味道更加浓郁的一款咖啡。
一杯萃取量为15~20mL。

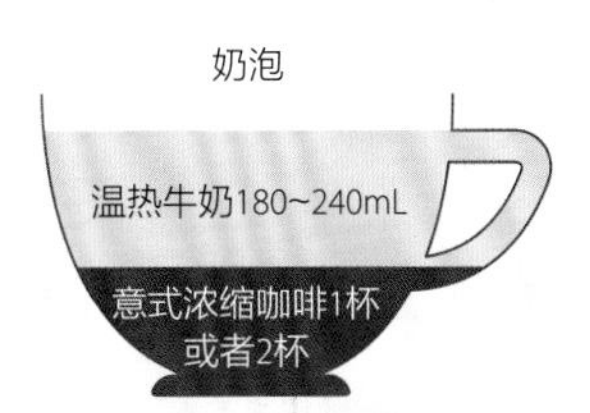

卡布奇诺（Cappuccino）

比拿铁的牛奶量要少一些，
奶泡厚度达到1~2cm的咖啡。
意式浓缩咖啡与牛奶、奶泡的比例为1：1：（1~2）

Q_有没有拍照和拍视频的小秘诀

A__记录秘密咖啡厅越来越让人着迷，
接下来介绍一些我个人独有的拍摄小窍门。

1 __ 在窗边预留出拍摄空间

与其到处搬来搬去地寻找拍摄地，不如将阳光充足的窗边定为固定拍摄地点。最好有一张小白桌，再到大型五金店中采购一些木板，将它们制成像白色的墙一样的背景板，便完成了拍摄空间的组建。用木板制成简单的反射板，放置在光线的对面形成反射。这样拍摄出的照片看起来更清澈敞亮。

2__ 抓拍瞬时照片或拍视频的过程是非常有趣的

除了拍摄成品图，制作过程也是值得用照片或视频记录下来的。我在拍摄时会使用智能手机和专用的相机架。使用专业软件可以很容易完成视频剪辑。

3__ 推荐使用简约的造型风格

饮品本身非常漂亮，周围无须过度装饰。与其画蛇添足，不如只拍摄饮品让画面更加简单大方。在周边简单地装饰一些水果或花瓣即可。

按照饮品食材分类

牛奶

气泡水、碳酸饮料

茶饮

红酒

酸奶

按照杯子形状分类

直筒长杯

直筒短杯

圆坛杯

高脚红酒杯

矮脚红酒杯

瓶子

马克杯

线条杯

不同的杯型请参见028页

图书在版编目（CIP）数据

艺娜的秘密咖啡厅 /（韩）艺娜著；梁超，刘凝译. — 北京：机械工业出版社，2022.9
（开家咖啡馆）
ISBN 978-7-111-71293-0

Ⅰ. ①艺… Ⅱ. ①艺… ②梁… ③刘… Ⅲ. ①咖啡－配制 Ⅳ. ①TS273

中国版本图书馆CIP数据核字（2022）第133709号

机械工业出版社（北京市百万庄大街22号　邮政编码100037）
策划编辑：卢志林　　　　　责任编辑：卢志林　范琳娜
责任校对：韩佳欣　李　婷　　责任印制：常天培
北京宝隆世纪印刷有限公司印刷

2023年1月第1版第1次印刷
165mm × 220mm · 14.5印张 · 1插页 · 120千字
标准书号：ISBN 978-7-111-71293-0
定价：88.00元

电话服务　　　　　　　　　网络服务
客服电话：010-88361066　　机　工　官　网：www. cmpbook. com
　　　　　010-88379833　　机　工　官　博：weibo. com/cmp1952
　　　　　010-68326294　　金　　书　　网：www. golden-book. com
封底无防伪标均为盗版　　　　机工教育服务网：www. cmpedu. com